智慧水利与低代码开发

主 编 李析男 罗天文 栗 蔚

中国水利水电出版社
www.waterpub.com.cn
·北京·

内容提要

本书是低代码开发赋能智慧水利建设的科普读物。全书包括智慧水利篇、低代码开发篇、应用场景篇。智慧水利篇主要介绍我国智慧水利基本概念、应用领域、核心技术、建设内容等；低代码开发篇介绍低代码开发的基本内容、应用场景、开发能力、发展趋势等；应用场景篇概述了低代码开发在水利行业的应用场景和解决方案。

本书可作为水利行业相关技术人员、管理人员了解低代码开发技术及其在智慧水利建设的应用场景的读本，也可作为公众了解智慧水利与低代码开发的科普读物。

图书在版编目（CIP）数据

智慧水利与低代码开发 / 李析男，罗天文，栗蔚主编. -- 北京 : 中国水利水电出版社，2024. 11.
ISBN 978-7-5226-2906-3

Ⅰ. TV-39

中国国家版本馆CIP数据核字第2024GM9019号

书　　名	智慧水利与低代码开发
	ZHIHUI SHUILI YU DIDAIMA KAIFA
作　　者	主　编　李析男　罗天文　栗　蔚
出版发行	中国水利水电出版社
	(北京市海淀区玉渊潭南路1号D座　100038)
	网址: www.waterpub.com.cn
	E-mail: sales@mwr.gov.cn
	电话: (010) 68545888 (营销中心)
经　　售	北京科水图书销售有限公司
	电话: (010) 68545874、63202643
	全国各地新华书店和相关出版物销售网点
排　　版	北京金五环出版服务有限公司
印　　刷	北京天工印刷有限公司
规　　格	184mm×260mm　16开本　7.5印张　85千字
版　　次	2024年11月第1版　2024年11月第1次印刷
印　　数	001—800册
定　　价	30.00元

《智慧水利与低代码开发》编委会

主　编：李析男　罗天文　栗　蔚

副主编：王茂洋　车　昕　訾晓刚

编写人员：

郑诗昊　胡洪烨　刘　巍　熊江舟　卢　博

杨胜飞　郭亮亮　李　云　蔡长举　康金刚

熊　杰　葛　曦　邓建忠　韩　琳　王　睿

王安礼　童为民　徐　江　冯友谊

统　稿：李析男

校　稿：邓建忠　韩　琳

制　图：李析男　胡洪烨　郑诗昊

前 言

　　"十四五"时期，信息化进入加快数字化发展、建设数字中国的新阶段。加快数字化发展、建设数字中国是顺应新发展阶段形势变化、抢抓信息革命机遇、构筑国家竞争新优势、加快建成社会主义现代化强国的内在要求，是贯彻新发展理念、推动高质量发展的战略举措，是推动构建新发展格局、建设现代化经济体系的必由之路。

　　在水利建设领域，数字化转型尤为重要，它不仅关乎国家水资源的管理和利用能力，而且直接影响广大人民群众的生活福祉。智慧水利建设应运而生。通过引入先进的信息技术，提高水利行业的智能化水平，实现高效、精准的水资源管理。然而，智慧水利建设并非一蹴而就，它自身的特殊性、复杂性、安全性、可用性等行业属性要求它必须借助先进科学技术，搭建复杂可用的信息系统。如何迅速、高效地开发出满足实际需求的水利信息化系统，成为智慧水利建设面临的一大挑战。在此背景下，低代码开发技术应运而生，为智慧水利建设注入新的活力。

　　低代码开发是一种新型的应用程序开发方式，它使得非专业开发者也能轻松构建应用程序。通过图形界面进行拖拽式编程，开发者可以快速搭建起各种信息系统，大大提高了开发效率。在智慧水利建设中，低代码开发技术的应用，使得水利部门能够更加快速地响应实际需求，实现信息化系统的快速迭代与优化。智慧水利建设在低代码开发的赋能下，能更好地解决传统水利建设中存在的问题。例如，通过实时监测与数据分析，可以实现对水资源的精准调度；通过智能预警系统，可以及时发现潜在的水患风险；通过大数据分析，可以为决策者提供更为科学、合理的决策依据。当然，在低代码开发给水利建设带来便利的同时，仍需注意一些问题，例如如何确保数据的安全与隐私、如何确保系统的稳定性与可靠性、如何实现跨域的信息共享等，这些问题需要在实际应用中不断探索与解决。本书的编写目的是让公众对低代码开发助力下的智慧水利模型形成初步认知，为智慧水利建设贡献力量。

　　本书围绕智慧水利和低代码开发两条主线，介绍低代码开发在智慧水利建设中的应用方式和场景，内容浅显易懂，图文并茂，力求让广大读者能够了解智慧水利与低代码开发的相关知识。

　　本书由贵州省水利水电勘测设计研究院有限公司和中国信息通信研究院联合编写，李析男、罗天文、栗蔚任主编，王茂洋、车昕和訾晓刚任副主编。全书共三篇，分别为智慧水利篇、低代码开发篇、应用场景篇。智慧水利篇介绍我国智慧水利基本概念、框架、建设内容、应用体系、安全及保障体系、难点、核心技术、优势与挑战、发展趋势等，由李析男、胡洪烨、熊杰、邓建忠、王睿编写；低代码开发篇介绍低代码开发定义、产生与发展、分类及区别、核心优势、劣势、开发模式、交付方式、数据库类型支持、数据集成、分析处理能力、扩展及使用场景、维护和系统融合等，由栗蔚、訾晓刚、车昕、郑诗昊、卢博、杨胜飞、韩琳、冯友谊、王睿、王安礼编写；应用场景篇介绍低代码开发在水资源管理、水利工程管理、防汛抗旱、水土保持、水务一体化、灌溉系统、水质监测与预警系统等的应用，由罗天文、王茂洋、李析男、郭亮亮、熊江舟、熊杰、邓建忠、童为民、李云、蔡长举、康金刚、葛曦等编写。全书由李析男统稿，邓建忠和韩琳校稿，李析男、郑诗昊制图。

本书的撰写和出版得到了贵州省高层次创新人才项目（黔科合平台人才 -GCC〔2023〕110）和贵州省科技计划项目"基于多源信息的喀斯特地区降雨侵蚀时空动态演变规律研究"（黔科合支撑〔2023〕一般206）的资助。同时也得到了贵州省 2024 年"西部之光"和"甲秀之光"省外访学项目的支持，并得到了武汉大学、贵州省水利工程建设质量与安全中心、贵州省水利科学研究院、贵州省水旱灾害防御中心（贵州省河湖保护中心）等单位的支持和帮助。

在本书编写过程中参阅和引用了政策性文件，有关专家的教材、专著、论文、讲座，以及相关管理办法、技术导则、大纲等，在此对文献的编写者、活动主办方以及宣讲专家表示衷心感谢。

由于时间有限，书中难免存在不足之处，恳请读者批评指正。

作者

2024 年 4 月

目　录

第三篇 应用场景篇

第一篇
智慧水利篇

1. 什么是智慧水利？

　　智慧水利，是通过数字空间赋能各类水利治理管理活动，运用云计算、物联网、大数据、人工智能、数字孪生等新一代信息技术，以透彻感知和互联互通为基础，以信息共享和智能分析为手段，在水利全要素数字化映射、全息精准化模拟、超前仿真推演和评估优化的基础上，实现水利工程的实时监控和优化调度、水利治理管理活动的精细管理、水利决策的精准高效，驱动水利现代化。

数字赋能治水管理	新型信息技术集成	信息共享和智能分析	实时监控与高效决策
数字空间和水利工作	云计算、物联网、大数据、人工智能、数字孪生……	透彻感知、互联互通	全要素数字化映射、全息精准化模拟、超前仿真推演和评估优化

2. 智慧水利建设总体框架

智慧水利建设总体目标，是面向水利"2+N"业务系统，以物理流域为单元，以数字孪生流域为基础，以物理流域与数字流域同步仿真运行为驱动，以智慧流域预报预警预演预案为目的，构建流域区域智慧水利体系。

从水利业务视角看，充分运用信息技术，建立全要素真实感知的物理水利及其影响区域数字化映射，构建多维多时空高保真数字模型，强化物理流域与数字流域之间全要素、动态、实时、畅通交互和深度融合，推进数字流域对物理流域的实时同步仿真运行，实现"2+N"业务的预报、预警、预演、预案功能。

信息技术视角主要是采集感知江河湖泊、水利工程、水利治理管理活动等物理流域对象相关各类信息，经过水利信息网汇集到水利云，形成水利数据资源池。通过对池中数据进行管理，实现统一的数据管理与服务，并基于智慧使能和应用支撑平台为"水利大脑"提供预报、预警、预演、预案的"四预"基础能力，支撑上层智能应用，推动水利领域各类业务的智慧化运行。

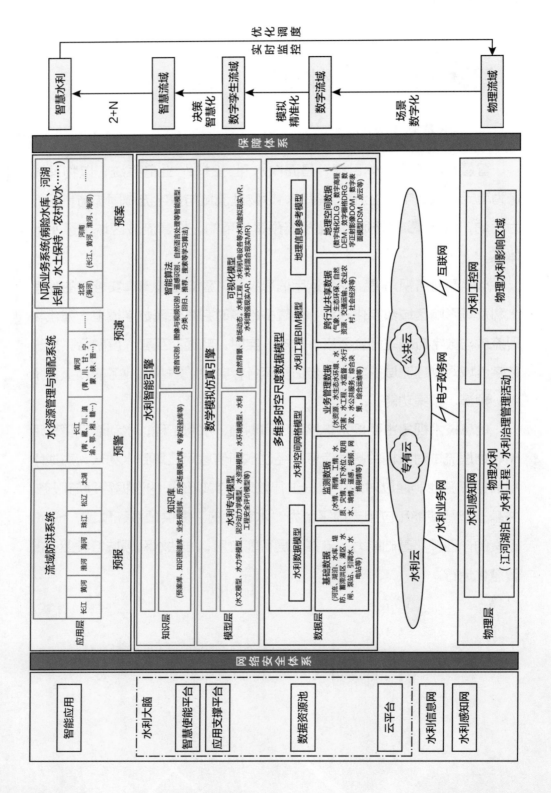

3. 智慧水利建设包括哪些内容？

　　智慧水利建设任务有数字孪生流域、"2+N"水利智能业务应用体系、水利网络安全体系和智慧水利保障体系。根据建设任务，智慧水利建设内容包括：基础支撑、流域防洪系统、水资源管理与调配系统、N项业务系统、基础设施和水利网络安全等。

定制数字流域水资源调配管理
数字化场景
扩展数字孪生流域水资源模型
构建智慧流域水资源知识库
搭建智慧水资源管理调配系统

水利感知网和工控网
水利信息网和水利云

数字流域
数字孪生流域
智慧流域

水利网络安全

基础设施

N项业务
系统

水资源管理
与调配系统

流域防洪
系统

基础支撑

水利网络安全体系
智慧水利保障体系

病险水库安全运行业务系统
河湖长制监管业务系统
水土保持管理业务系统
农村饮水安全管理业务系统
其他业务系统

定制数字流域防洪数字化场景
扩展数字孪生流域防洪模型
构建智慧流域防洪知识库
搭建流域智慧防洪系统

4. 数字孪生流域如何建设？

数字孪生流域包括数字孪生平台和水利信息基础设施，主要是以水利感知网、水利业务网、水利云等为基础，通过运用物联网、大数据、AI、虚拟仿真等技术，以物理流域为单元、时空数据为底板、水利模型为核心、水利知识为驱动，对物理流域全要素和水利治理管理活动全过程进行数字化映射、智慧化模拟，支持多方案优选，实现与物理流域的同步仿真运行、虚实交互、迭代优化，支撑精准化决策。

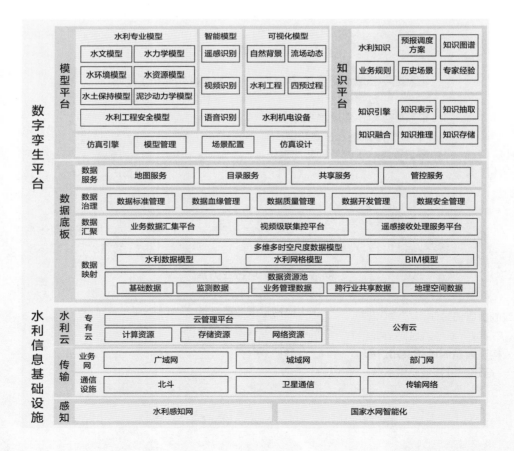

5. 什么是"2+N"水利智能业务应用体系?

"2+N"水利智能业务应用体系中的"2"是指流域防洪、水资源管理与调配,"N"是指水利工程建设和运行管理、河湖长制与河湖管理、水土保持、农村水利水电、节水管理与服务、南水北调工程运行与监管、水行政执法、水利监督、水文管理、水利行政、水利公共服务等。

6. 智慧水利网络安全及保障体系

　　智慧水利网络安全体系，应坚持总体国家安全观，以持续健全水利网络安全防护体系为宗旨，在推广网络安全能力提升工程成功经验的基础上，建立面向水利行业关键信息基础设施的综合安全监督管理体系，明确水利行业各级单位、人员网络安全管理要求，强化各级单位、人员网络安全主体责任落实，完善水利网络安全运行防护和监督管理措施，切实提升网络安全防护能力。

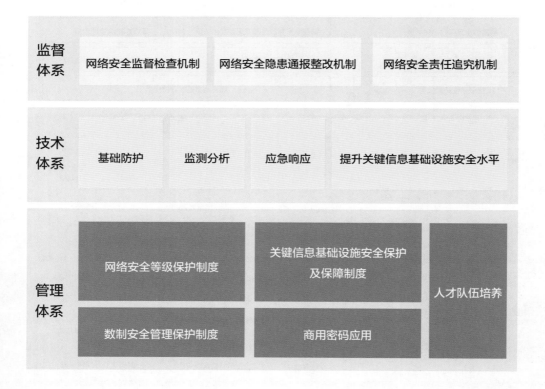

　　智慧水利保障体系，从体制机制、标准规范、创新应用、运维体系、人才队伍、宣传交流等方面，统筹谋划，持续推进，保障智慧水利健康可持续发展。

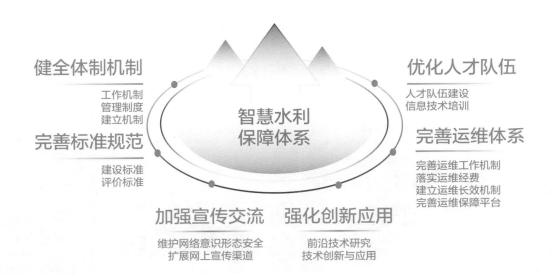

健全体制机制

工作机制
管理制度
建立机制

完善标准规范

建设标准
评价标准

智慧水利
保障体系

优化人才队伍

人才队伍建设
信息技术培训

完善运维体系

完善运维工作机制
落实运维经费
建立运维长效机制
完善运维保障平台

加强宣传交流

维护网络意识形态安全
扩展网上宣传渠道

强化创新应用

前沿技术研究
技术创新与应用

7. 智慧水利建设的难点有哪些？

（1）数据采集和处理。智慧水利的实施需要收集大量的水资源数据和环境数据，包括水质、水量、水位、降水等指标，但目前我国水资源数据的采集和处理还存在一定的困难，需要加强数据的收集和管理。

（2）数据共享。在水利行业内部，各专业部门之间的信息共享不足；在行业外部，与环境保护、交通、国土资源等部门的相关数据还不能做到数据实时共享。

（3）信息技术应用。智慧水利需要应用先进的信息技术，包括云计算、大数据、人工智能等，实现对水资源的智能化管理和优化调度；目前我国在信息技术方面还存在一定的短板，需要加强技术研发和应用推广。

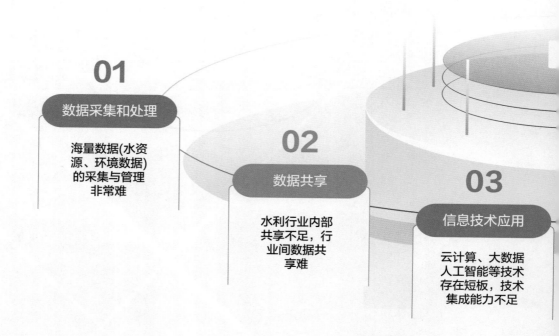

（4）数据安全及隐私保护。涉及数据传输安全、数据存储安全、数据使用安全、数据共享安全、隐私泄露风险等网络信息安全，相应的安全措施和技术手段还存在不足。

（5）技术成本与投资。智慧水利建设的技术成本高，且建设需要大量的资金投入，包括设备购置、软件开发、运营维护等，如何吸引和利用社会资本是一个问题。

（6）人才与公众认知。智慧水利是一个新兴领域，人才短缺问题突出；与此同时，智慧水利建设不仅仅是技术问题，还需要社会各界的广泛参与和认知，如何提高公众的参与度和认知度，也是智慧水利建设的一个难点。

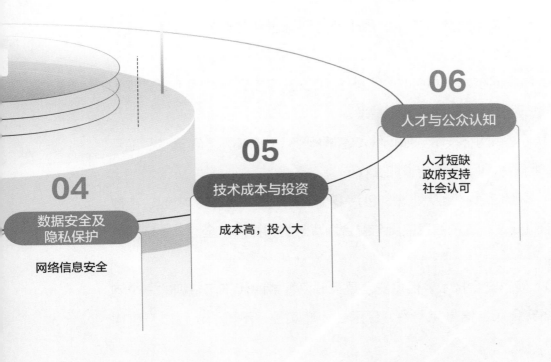

8. 智慧水利的核心技术有哪些?

（1）传感器和监测技术。包括水位、流量、水质、雨情等各类传感器和监测设备，用于实时采集和传输相关水利数据。

（2）数据处理和分析技术。包括数据挖掘、机器学习、人工智能等，用于海量数据的处理、分析和预测。

（3）地理信息系统（GIS）技术。用于存储、管理和展示与空间位置相关的水利信息，如水系、水库、堤坝等。

（4）模型和算法。如洪水预报模型、水资源优化调度模型等，用于辅助决策和管理。

（5）可视化和交互技术。通过图表、地图、虚拟现实（VR）等手段，将水利信息以直观的方式展示给用户，并实现交互操作。

（6）云计算与大数据技术。用于支持海量水利数据的存储、处理和分析。

（7）物联网技术。将各种水利设备和设施连接到物联网上，实现智能、有效、及时、准确的监控和管理。

（8）通信和网络技术。如无线传感器网络（WSN）、5G 通信、卫星通信等，用于水利数据的传输和交换。

（9）多源信息监测及处理。包括多部门如气象、水文、农业、市政等多源信息处理，这种信息监测与融合为智慧水利提供了全面、准确的数据支持。

（10）信息安全技术。信息安全是互联网智能时代不可忽视的一个问题，网络安全包含信息完整性、保密性、真实性、不可否认性以及可用性，智慧水利在建立互联互通网络环境的同时，也要建立多层次一体化的网络信息安全组织架构。

这些核心技术的应用和发展，为智慧水利的实现提供了坚实的技术支撑，有助于提高水资源管理的效率、精度和可持续性。

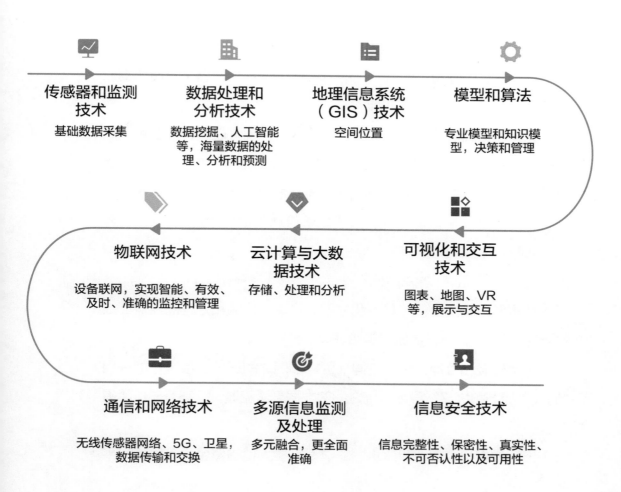

传感器和监测技术

基础数据采集

数据处理和分析技术

数据挖掘、人工智能等，海量数据的处理、分析和预测

地理信息系统（GIS）技术

空间位置

模型和算法

专业模型和知识模型，决策和管理

物联网技术

设备联网，实现智能、有效、及时、准确的监控和管理

云计算与大数据技术

存储、处理和分析

可视化和交互技术

图表、地图、VR等，展示与交互

通信和网络技术

无线传感器网络、5G、卫星，数据传输和交换

多源信息监测及处理

多元融合，更全面准确

信息安全技术

信息完整性、保密性、真实性、不可否认性以及可用性

9. 智慧水利的优势与挑战

（1）智慧水利具有以下优势。

1）提高水资源管理效率。通过实时监测、数据分析和智能决策，实现水资源的优化配置和高效利用。

2）提升灾害预警和应对能力。借助传感器、模型预测等技术，提前预警洪水、干旱等灾害，为决策者提供及时的应对措施。

3）实现智能化调度。结合气象、地形等因素，对水利设施进行智能化调度，提高水利工程的运行效率和可靠性。

4）推动信息化建设。智慧水利的发展促进了水利信息化建设，实现信息共享和协同工作，提高管理水平。

5）减少水资源浪费，加强环保。智慧水利系统可以及时发现和修复管道漏水、设备故障等问题，有效减少水资源的浪费；通过水质监测、水生态修复等手段，保障水资源的质量和生态环境的健康。

6）降低运营成本。智慧水利系统能够自动化管理和控制水利设施，减少人力成本，提高运营效率。

（2）智慧水利面临的挑战如下。

1）数据质量和安全。大量水利数据的采集、传输和处理需要保证数据的质量和安全性，防止数据泄露和篡改。

2）技术标准和互操作性。不同地区、部门之间的水利系统可能采用不同的技术标准和协议，导致系统之间的数据无法流通，存在互操作障碍性问题。

3）投资成本和收益。智慧水利的建设需要大量的资金投入，如何平

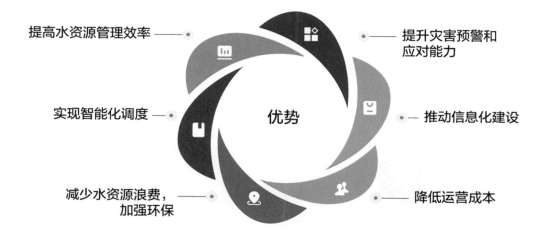

提高水资源管理效率

实现智能化调度

减少水资源浪费，加强环保

优势

提升灾害预警和应对能力

推动信息化建设

降低运营成本

衡投资成本和长期收益是一个需要考虑的问题。

4）专业人才。智慧水利涉及多个学科领域，需要具备跨学科背景的专业人才，目前这类人才较为短缺。

5）公众意识和参与。提高公众对水资源保护和合理利用的意识，鼓励公众参与智慧水利建设和管理。

6）跨部门跨领域合作。智慧水利建设需要不同部门、不同领域之间的合作与协同，需要建立有效的合作机制和管理模式，促进跨部门跨领域的合作与交流。

综上所述，智慧水利在提高水资源管理效率和应对灾害方面具有显著优势，但同时也需要解决数据质量、技术标准、投资成本等困难，以实现可持续发展。

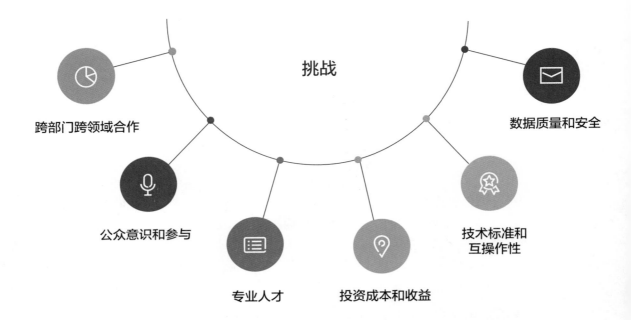

挑战

跨部门跨领域合作

数据质量和安全

公众意识和参与

技术标准和
互操作性

专业人才

投资成本和收益

10. 水利信息化、数字化、智能化的区别与联系

水利信息化是指利用信息技术手段，对水资源、水文气象、水利工程等相关信息进行采集、存储、处理、传输和应用的过程。水利信息化包括水资源信息系统、水文监测信息系统、水利工程管理信息系统等，旨在提高水资源管理和水利工程运行的效率和精度。

水利数字化是指将水利系统中的各种数据、信息以数字形式进行采集、存储、处理和传输的过程。通过数字化技术，可以实现对水资源、水文气象、水利工程等信息的精确记录和高效管理，提高数据的可靠性和可访问性。

水利智能化是指利用先进的智能设备和技术，实现对水利系统的自动化监测、控制和优化管理。通过智能化技术，可以实现水资源的智能调度、水文气象的智能预测、水利工程的智能运行等，提高水利系统的智能化水平和运行效率。

总的来说，水利信息化、数字化和智能化是相互联系、相互促进的关系。信息化是基础，数字化是手段，智能化是目标。在实际应用中，三者往往需要结合使用，以实现水利系统的现代化管理和服务。

水利信息化、数字化、智能化的区别与联系

概念	水利信息化	水利数字化	水利智能化
内容	利用现代信息技术，对水利信息进行采集、存储、处理、传输和应用的过程	将水利信息转化为数字形式，便于存储、处理和分析	利用人工智能技术，实现水利信息的智能分析和决策
联系	水利信息化是水利数字化的基础，水利数字化是水利智能化的前提	水利数字化是水利信息化的延伸，水利智能化是水利数字化的升级	水利智能化是水利信息化和数字化的终极目标
区别	侧重于信息的采集和处理	侧重于信息的存储和转换	侧重于信息的智能分析和决策
特点	提高工作效率，降低人工成本	数据可存储、可分析，便于决策	智能化决策，提高决策的准确性和效率
应用	水利信息管理系统、水利工程监控系统等	水利大数据分析、水利信息可视化等	智能水文预报、智能调度系统等

11. 智慧水利的发展趋势

智慧水利建设的发展趋势主要体现在以下几个方面：

（1）信息化和数字化。随着物联网、大数据、云计算等新一代信息技术的快速发展，智慧水利将实现更全面的信息化和数字化，包括实时监测、数据传输、数据分析、预测预警等功能，以提高水利管理的效率和准确性。

（2）智能化。随着人工智能、大数据等技术的不断发展，智慧水利的智能化水平也将不断提高。例如，通过智能化分析水利数据，可以提高防汛抗旱决策的科学性和有效性。

（3）绿色可持续。在环境问题日益严重的情况下，绿色可持续已经成为智慧水利建设的重要发展方向。通过采用环保材料和技术，优化水资源配置，降低能耗和排放，实现水利工程的绿色可持续发展。

（4）数字化转型。数字化转型已经成为各行各业的发展趋势，智慧水利也不例外。数字化转型能够提高水利工程的建设和管理效率，优化业务流程，提升服务水平。

（5）跨界协同。智慧水利建设涉及多个领域和学科，需要跨界融合各种资源和力量。例如，与信息化、环保、新能源等技术融合，可以实现优势互补，推动智慧水利建设的创新发展。

（6）标准化和规范化。随着智慧水利的发展，相关的标准和规范将逐渐完善，为智慧水利的建设和管理提供有力支撑。其中包括数据标准、技术标准、管理标准等，以确保智慧水利的健康发展。

　　总之，智慧水利建设的发展趋势是多方面的，需要不断创新和完善，以适应时代发展的需要。

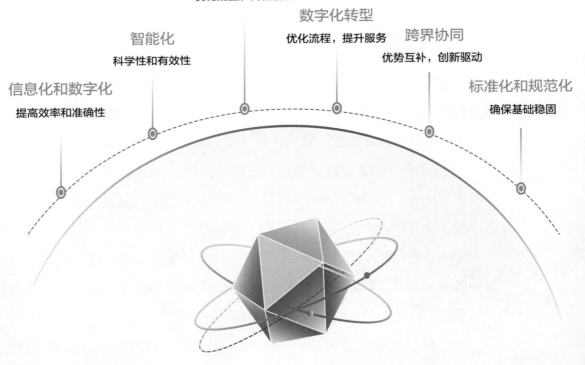

绿色可持续
优化配置，降低能耗

数字化转型
优化流程，提升服务

智能化
科学性和有效性

跨界协同
优势互补，创新驱动

信息化和数字化
提高效率和准确性

标准化和规范化
确保基础稳固

12. 数字孪生技术如何赋能智慧水利？

"数字孪生"是一项用数字化的方法构建一个与现实世界一模一样的数字世界的技术，通过这项技术可以实现对物理实体的了解、分析和优化；通过集成多个学科、多个物理变量、多维度测量、事件概率统计的仿真过程，在虚拟空间中建立映射，从而反映相对应实体装备的全生命周期。

（1）水利工程设计与仿真。数字孪生技术可以用于水利工程的设计与仿真，通过数字孪生模型对水利工程进行虚拟建模和仿真分析，可以更好地评估不同设计方案的效果，提前发现潜在问题，减少设计错误和降低成本。

（2）实时监测与预测。数字孪生技术可以将实际水文气象数据与数字孪生模型相结合，实现对水资源、水文情况和气象变化的实时监测和预测。这有助于提前预警洪涝、干旱等自然灾害，帮助水利部门及时作出决策。

（3）智能调度与控制。数字孪生技术可以建立水利系统的数字孪生模型，通过实时监测数据不断更新模型，实现对水利系统的智能调度与控制。这有助于优化水资源的分配和利用，提高水利系统的运行效率。

（4）故障诊断与维护。数字孪生技术可以用于水利设施的故障诊断与维护，通过对设备状态的实时监测和数字孪生模型的对比分析，可以提前发现设备故障、预测设备寿命，减少设备停机时间，提高设备利用率。

（5）决策支持。数字孪生技术可以为水利部门提供更精准的数据和模拟结果，为决策提供更科学的依据，帮助水利部门作出更合理的决策，提高水利管理的效率和水平。

总的来说，数字孪生技术在智慧水利领域的应用可以提高水利系统的智能化水平，优化水资源管理和水利工程运行，提高水利系统的运行效率和安全性。

数字孪生平台设计

数据底板

1 建筑信息模型（BIM）

2 三维空间模型

3 三维实景模型

水利模型与仿真引擎

01 围绕工程任务建设"四预"和评价模型

02 围绕知识库构建知识模型、智能算法

03 根据数据成果进行仿真渲染和跟踪

13. 智慧水利建设中，低代码开发和传统的开发相比有哪些优势？

在智慧水利建设中，低代码开发相比传统开发具有以下优势。

（1）效率更高。低代码开发平台提供图形化用户界面和预构建的模块，使得开发人员可以快速构建应用程序，减少了大量手动编写代码的工作，提高了开发效率。

（2）成本更低。由于低代码开发平台降低了对编程专业知识的要求，普通的开发人员也能参与到软件开发中来，无须专业的 IT 团队驻场开发。这大大降低了开发成本，使得更多企业能够负担得起智慧水利系统的建设。

（3）质量更高。低代码开发平台提供可视化界面和预构建的组件，使得开发人员可以更快速地构建应用程序，并且可以更容易地实现复杂的业务逻辑和数据模型，提高了应用程序的质量和稳定性。

（4）扩展性好。低代码平台通常基于云计算，这使得企业能够灵活部署新的应用程序，并根据需要更改现有的应用程序。此外，平台用户还可以快速轻松地集成现有的软件环境，扩展遗留系统的功能，逐步取代过时的系统。

（5）量身定制。随着企业业务需求的不断变化，低代码平台能够伴随业务变革不断进化升级。通过快速灵活地开发组件，企业可以迅速解决多元化、多变化的需求，实现个性化配置自由。

（6）效能提升。低代码开发有助于开发团队摆脱耗时烦琐的任务，如临时更改需求、更改数据等。这使得团队有更多时间专注于业务逻辑和具有创造性的编码，从而提高了开发团队的生产力。

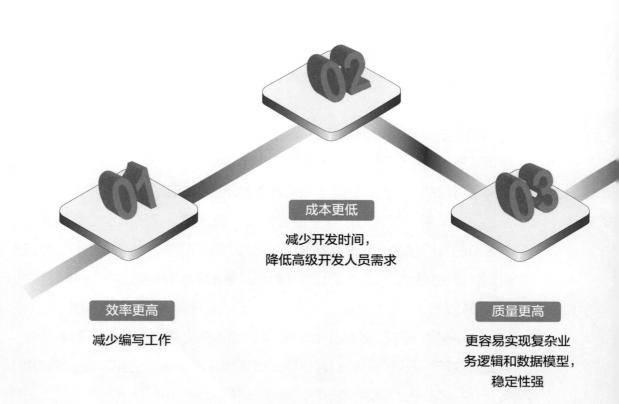

效率更高

减少编写工作

成本更低

减少开发时间，
降低高级开发人员需求

质量更高

更容易实现复杂业
务逻辑和数据模型，
稳定性强

在智慧水利建设中，低代码开发与传统开发相比具有明显优势，可以帮助加快智慧水利建设的步伐，提高水利工程的管理水平和运行效率。

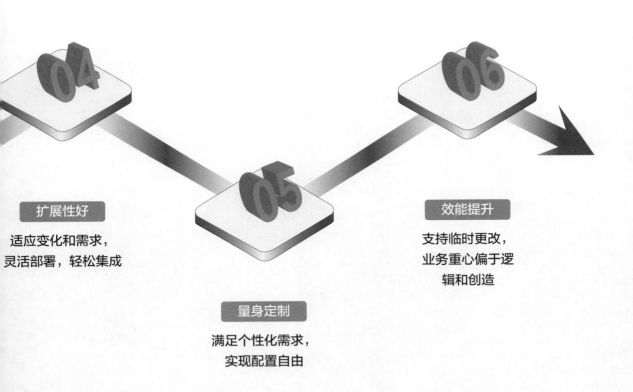

扩展性好

适应变化和需求，
灵活部署，轻松集成

量身定制

满足个性化需求，
实现配置自由

效能提升

支持临时更改，
业务重心偏于逻
辑和创造

第二篇
低代码开发篇

14. 什么是低代码开发?

　　低代码是通过对代码的可视化封装，简化开发操作步骤，避免代码编写的重复性工作和调试过程，进而提升开发效率的技术。低代码直接作用于软件研发体系中的开发环节，大幅加强了软件研发的管理和各环节之间的连续性。

　　综合低代码的驱动模式、交付模式、应用特点和能力框架特性，市场已经衍生出两种产品类型，分别是低代码开发平台和低代码开发工具，具体定义如下：

　　（1）低代码开发平台（LCDP）。它是将底层架构和基础设施等抽象为图形界面，以可视化设计及配置为主，少量代码为辅，提供快速搭建前端界面、设计数据模型、创建服务逻辑、调用服务和资源等功能，快速构建前端页面、后端服务或前后端一体化应用和系统的开发平台。

　　（2）低代码开发工具。它是面向专业开发者的应用开发工具，通过图形界面或领域专用语言（DSL）简化应用开发过程，以标准化工具为基础，场景化工具及个性化工具为扩展，同时可支持常规编程工具对应用源码进行二次开发，有效提升应用开发效率，提升共性组件复用率，降低工程维护成本。

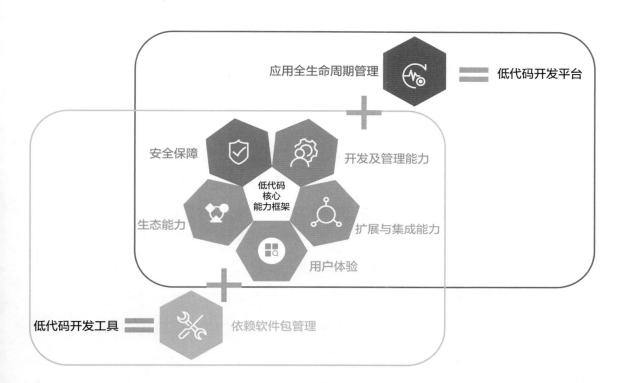

15. 低代码开发技术是如何产生和发展的?

（1）萌芽阶段（1980—2000 年）。早在 1980 年，IBM 就首次提出了低代码开发的概念，并将其应用于快速应用程序开发工具（RAD）中。在此期间，美国公司和实验室开始研究可视化编程，推出第四代编程语言（4GL），后来衍生为可视化编程语言（VPL）。

（2）缓慢发展阶段（2000—2012 年）。在此期间，企业逐渐涉足低代码开发领域。例如，Salesforce 成立于 1999 年，OutSystems 成立于 2001 年。这些公司开始关注低代码开发技术，并尝试将其应用于实际项目。

（3）升温阶段（2012—2018 年）。随着 AWS、Google、Microsoft 和 Oracle 等软件行业巨头的加入，低代码开发技术逐渐升温。这些公司纷纷推出各自的低代码平台，推动低代码开发技术的发展。低代码概念在我国逐渐兴起，一些企业开始探索低代码开发平台的应用，但由于技术和市场认知的限制，低代码在我国的发展相对缓慢。2014 年我国第一个低代码平台出现，2016 年起我国独立的低代码平台开始相继开发。

（4）快速发展阶段（2018 年至今）。随着云计算、大数据和人工智能等技术的发展，低代码平台逐渐受到关注。政府和企业对数字化转型的重视也推动了低代码市场的发展。一些初创企业和传统软件公司开始研发低代码开发工具，以满足市场对快速开发、降低成本的需求。

近年来，低代码开发技术得到了广泛的应用和关注，通信、金融、制造等各行业企业开始选、建、用低代码开发平台来提高软件开发效率、降低成本、缩短项目周期。同时，低代码与人工智能、物联网等技术的创新融合，也在孕育更多的应用形态。

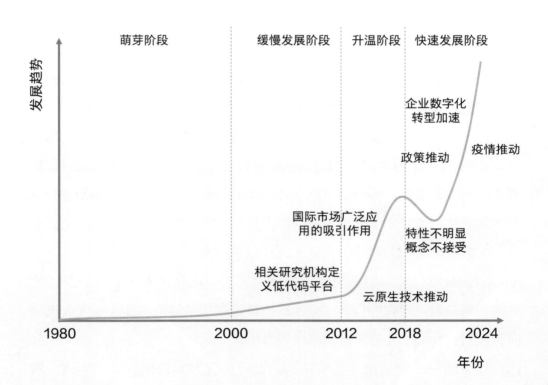

16. 低代码开发对于促进科技创新的意义是什么？

在数字化转型的浪潮中，科技创新已经成为企业保持竞争力的关键。然而，传统的软件开发方式往往难以满足快速变化的市场需求。这时，低代码开发作为一种新型的软件开发方式，开始崭露头角，释放出强大的创新潜力。

低代码开发的兴起，在很大程度上得益于科技创新的推动。低代码提供易用的可视化、定制化软件开发能力，能够渗透进数字化转型的各个环节，让不同岗位的人员都加入研发行列，有效应对数字化场景落地需求的爆发式增长，促进技术与业务的快速融合，提升企业效能，不断激发数据要素创新驱动潜能，将数据资产快速转换为价值，为数字化转型带来一场技术性变革。

在数字化转型的闭环中，低代码从以下四个环节介入赋能。

（1）数字化需求引导及响应。低代码是以减轻研发压力、灵活调整业务为目标孵化而成的技术。低代码以其可视化的特征，便于业务人员理解和配置，并能够快速响应数字化场景需求。

（2）新一代信息技术应用推广。低代码通过前端化封装和集成，将云计算、大数据、物联网等新一代信息技术转化成易读、易理解的能力，助力信息技术的应用推广和普及。

（3）技术融合与创新。低代码是可视化编程语言的进阶，也是信息技术的融合产物，同时也能通过其易用性，促进信息技术间的融合创新应用。

（4）推进数字化转型。低代码适用于多行业岗位人群，促进技术应用，加强业务理解，推动业务技术融合，降低场景研发的沟通成本，从而助力加速数字化转型进程。

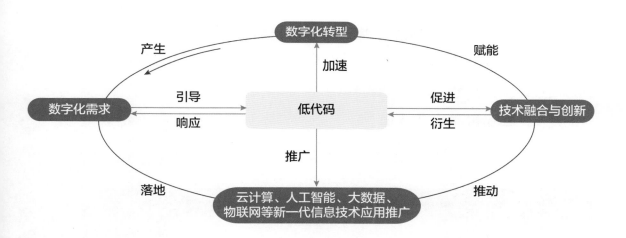

17. 低代码开发平台分为几类，有什么区别？

低代码开发平台可以基于不同的驱动模式设计使用，主要分为以下两类。

（1）表单驱动模式。以表单为表现方式和存储方式，服务于具体业务场景，其场景具有清晰边界，场景内元素稳定且高频复用，以便于完成元素的完整性挖掘。在元素挖掘的过程中，支持以低代码技术进行辅助开发和挖掘，逐步向无代码演进，目标用户为业务人员。

（2）模型驱动模式。以表单、流程等界面为表现方式，以数据实体为存储方式。以建模为核心，承载多种开发工具和逻辑，并采用代码进行辅助开发，目标用户为研发人员。

模式	表现方式	存储方式	代码介入	技术倾向	常见应用场景
表单驱动	表单	表单	无	无代码低代码部分产品	OA、审批、行政等管理、可视化大屏、移动端应用
模型驱动	表单、流程等界面	数据实体	有	低代码	系统研发

18. 低代码开发的核心优势是什么？

低代码开发的核心优势主要体现在五个方面。

（1）提高开发效率。相比于传统软件开发平台，低代码开发平台通过可视化的操作界面和简化的编程流程，允许开发者使用拖放组件和模型驱动的逻辑来构建应用程序，大幅度减少了手动编码的工作量，减少了基础性、重复性的工作，加快开发速度。

（2）降低技术门槛。低代码平台减少了开发复杂应用程序所需的编程知识，使得非专业开发者也能参与到应用程序的开发中。然而，低代码开发并不意味着完全不需要编程技能。开发人员仍然需要具备一定的技术背景和设计能力，以便于更好地利用低代码平台的优势。

（3）兼具便捷性和定制化特性。高低代码混合编排结合了低代码平台的易用性和高代码的灵活性，使开发者能够快速构建应用原型，同时在需要时深入代码层面进行自定义和优化。这种模式提高了开发效率，缩短了项目周期，降低了开发成本，同时满足了复杂业务场景的需求。

（4）提升资源利用率。开发者能够使用低代码平台方便地复用已有的代码模块和组件，避免重复工作。此外，低代码平台还支持与各种系统和服务的集成，使得企业能够快速地构建出满足自身需求的定制化应用。企业可以将有限的技术资源集中在更加复杂和关键的任务上，而将一些简单的开发任务交由低代码平台处理。

（5）研发设计一体化。低代码将设计和开发过程紧密结合，实现了从需求分析到应用部署的无缝衔接。这种模式降低了沟通成本，提高了开发效率，确保了最终产品的质量和用户体验。同时，低代码平台简化了开发流程，使得非专业开发者也能参与到研发过程中，进一步提升了企业的创新能力和竞争力。低代码平台使得快速原型制作和实验成为可能，高质量促进创新思维和实践的落地。

综上所述，低代码的核心优势在于它能够以高效、便捷、低成本的方式快速构建和部署应用程序，同时促进业务与技术的融合，提升企业的数字化能力。

提高开发效率	可视化操作、拖放组件、模型驱动、简化编程
降低技术门槛	非专业开发者可参与、降低技术背景要求
便捷性和定制化	高低代码混合编排、快速构建原型、自定义优化
提升资源利用率	代码复用、系统集成、技术资源集中、简化开发
研发设计一体化	需求分析与应用部署无缝衔接、降低沟通成本、促进创新

19. 低代码开发的劣势是什么？

低代码开发的劣势体现在以下几个方面。

（1）定制化局限。低代码平台现阶段无法提供与专业代码开发相同级别的自定义和灵活性。对于某些复杂或高度特定的业务需求，低代码开发平台预置的资源和逻辑有限，业务人员面对高度复杂的业务逻辑或特定的需求时，需要技术人员同步使用自定义代码辅助，在高定制化的业务场景、企业核心系统开发等场景下支撑乏力。

（2）学习成本存在差异性。虽然低代码平台降低了编程的门槛，但仍然需要学习和理解其工具逻辑和工作流程。每个平台的设计逻辑和预置组件不同，企业通常通过平台使用培训降低学习成本，且更换产品时，需要进行重新培训。

（3）依赖性强。低代码开发平台开发出的应用运行依赖于特定的技术栈或供应商，限制了平台的可移植性。对于短期使用方，涉及应用迁移问题和成本投入；对于长期使用方，依赖于平台供应商的升级和维护可能导致服务中断或功能缺失，同时带来长期运维成本投入问题。

（4）质量和性能问题。在处理大量数据或需要高性能计算的场景中，与传统代码开发相比，低代码开发在性能和代码质量方面表现略显逊色。

（5）开发生态不完整。与成熟的编程语言和开发工具相比，低代码开发目前缺乏强大的开发者社区和资源支持。

优劣势并不直接决定低代码平台的价值，而要求企业在采用低代码策略时权衡利弊，根据具体项目的需求来评估是否适合采用低代码开发方法，并考虑如何更好地结合低代码和高代码方法实现其业务目标。

定制化局限

- ☐ 自定义灵活性不足
- ☐ 预置资源和逻辑有限
- ☐ 需要技术人员辅助

学习成本存在差异性

- ☐ 工具逻辑理解
- ☐ 平台使用培训
- ☐ 更换产品重新培训

依赖性强

- ☐ 技术栈依赖
- ☐ 平台供应商依赖
- ☐ 运维成本投入

质量和性能问题

- ☐ 高性能计算场景性能略逊色
- ☐ 复杂场景存在代码质量问题

开发生态不完整

- ☐ 开发者社区缺乏
- ☐ 资源支持不足
- ☐ 成熟度不高

20. 低代码开发是如何改变软件开发模式?

低代码开发从以下三个方面带来了软件开发模式的改变。

（1）从本地部署到云端部署升级。低代码开发平台支持云端部署，云上支持伸缩、扩展和重新部署，保障系统应用高可用，解决了私有化部署的可用性限制问题。基于云基础设施能力，能够实现自动伸缩、自动释放和监控资源，以满足企业高质量服务的需求，同时可以优化云资源分配和利用率。

（2）增强软件研发全生命周期一体化管理。传统软件开发平台提供开发能力，依靠 DevOps 流水线等方式完成研发全流程。低代码开发可以在平台内将应用的设计、研发、测试、部署、运营等流程全部可视化，简化流程操作，增强研发运维全生命周期管理流畅度；同时，基于统一的平台和架构，使得后续的维护和升级更加简便和快速。

业务和技术协同		
可视化设计	降低沟通成本	提高开发效率

全生命周期一体化管理			
平台内可视化管理	简化研发运维流程	统一平台架构	简便快速维护升级

云端部署升级		
云端支持	资源监控	优化资源利用

（3）建立业务和技术协同化研发基础。传统软件开发平台不利于业务人员理解，开发过程中需要业务人员和技术人员反复沟通业务需求。低代码开发平台能够通过可视化设计打破业务和技术壁垒，直观地沟通设计和需求，降低与技术人员沟通的成本，进而提高软件开发效率。

总的来说，低代码开发平台通过减少编程的复杂性，从提高个人开发效率，到促进团队协同开发，释放研发生产力，为软件开发带来了革命性的变革。根据团队成员能力特征，选择合适的低代码平台和工具，能够帮助团队更好地应对业务挑战，提高生产力，并为企业创造更大的价值。

21. 低代码开发的交付方式有哪些?

低代码开发的交付方式有以下两种。

（1）应用引擎式。指在云平台上设计、开发、部署、运行的应用和云化服务，帮助企业以最低的成本实现快速应用开发和部署，无代码和部分低代码平台以引擎式交付。

（2）代码生成式。指交付物为应用源码，支持二次开发，能够有效提升应用开发效率、提升共性组件复用率、降低工程维护成本的应用交付模式。

交付方式	开发模式	应用运行环境	交付及部署	维护	扩展和二次开发
应用引擎式	倾向前端及微服务式开发	云上运行	引擎式交付，发布即应用	云上运行，易运维	对于配置外的扩展能力受限
代码生成式	代码与前端一致性开发	根据部署环境运行	应用源码交付，便于迁移、部署	由低代码编排生成的代码结构统一，规范明确，方便维护	可进行扩展及二次开发

22. 低代码开发如何支持多种数据库类型?

（1）抽象的数据库访问层。低代码平台可以提供一个抽象的数据库访问层，该层可以将底层的数据库类型抽象起来。这样，无论底层使用的是哪种数据库，都可以通过同一段代码来进行访问。

（2）插件或扩展机制。低代码平台可以通过插件或扩展的方式来支持多种数据库。这种方式可以让第三方开发者或者平台通过统一的集成接口来使用不同的数据库。

（3）结构化查询语言（SQL）方言支持。不同的数据库可能会有自己特有的 SQL 方言。低代码平台可以通过内置对多种 SQL 方言的支持，来确保能够正确地与各种数据库进行交互。

（4）数据迁移工具。对于已经存在的数据，低代码平台可以提供数据迁移工具，将数据从旧的数据库迁移到新的数据库。这样，即使平台最初只支持一种数据库，也可以通过数据迁移工具来支持其他类型的数据库。

（5）云服务集成。许多云服务提供商（如 Amazon、Microsoft、Google 等）都提供了自己的数据库服务，如 AWS 的 RDS、Azure 的 SQL Database 等。低代码平台可以与这些云服务提供商紧密集成，为开发者提供对多种云数据库的支持。

（6）应用程序接口（API）封装。对于一些常见的数据库操作，如 CRUD（增删查改）等，低代码平台可以封装成 API 供开发者调用。这样，开发者就不需要关心底层使用的是哪种数据库，只需要调用这些 API 即可。

（7）配置化支持。对于不同的数据库类型，低代码平台可以提供配置化的支持。比如在平台的配置文件中指定使用的数据库类型、连接信息等，这样在运行时就可以根据配置自动连接到相应的数据库。

（8）提供 SQL 脚本编辑器。为了满足一些高级用户的需求，低代码平台可以提供一个 SQL 脚本编辑器，让用户可以直接编写和执行 SQL 脚本。这样，用户就可以根据数据库的类型和特性，编写特定的 SQL 脚本。

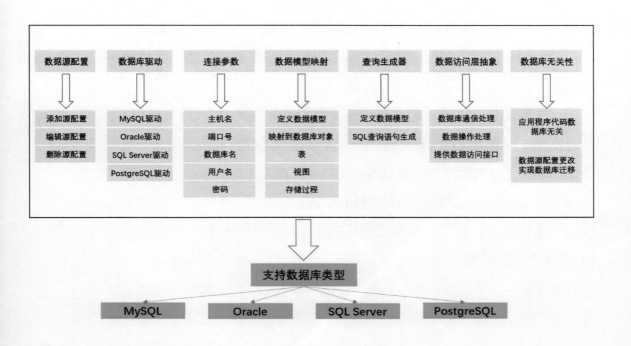

23. 低代码开发如何处理数据集成问题？

（1）预构建的集成模块。许多低代码平台会提供预构建的数据集成模块，这些模块可以直接在平台上使用，大大简化了数据集成的复杂性。这些模块通常可以直接连接到各种数据源，如数据库、API、文件系统等，并能够实现数据的抽取、转换和加载（ETL）。

（2）可视化的数据流设计。低代码平台通常提供可视化的数据流设计工具，开发者可以通过拖拽的方式来设计和定义数据在应用程序中的流动。这种方式让开发者无须编写复杂的集成逻辑，只需要通过简单的图形操作就能完成数据集成的工作。

（3）事件驱动的数据集成。低代码平台可以利用事件驱动的方式来进行数据集成。当某个事件发生时（例如用户在界面上进行了操作），平台可以自动触发数据集成的流程，从数据源中抽取、转换和加载数据。

（4）API集成。对于需要通过API进行数据集成的场景，低代码平台通常提供API管理工具，可以方便地创建、管理和调用API。

（5）自定义脚本或代码块。对于更复杂的数据集成需求，低代码平台通常也支持使用自定义脚本或代码块来实现。这种方式可以满足更高级的集成需求，但也需要开发者具有一定的编程能力。

（6）数据安全与隐私保护。在进行数据集成时，低代码平台通常也提供一系列的工具和功能来保障数据的安全和用户的隐私，例如数据脱敏、访问控制、加密等。

总的来说，低代码开发平台通过提供一系列的工具和模块，使数据集成变得简单、快速和安全，同时也降低了开发者的学习成本和工作量。

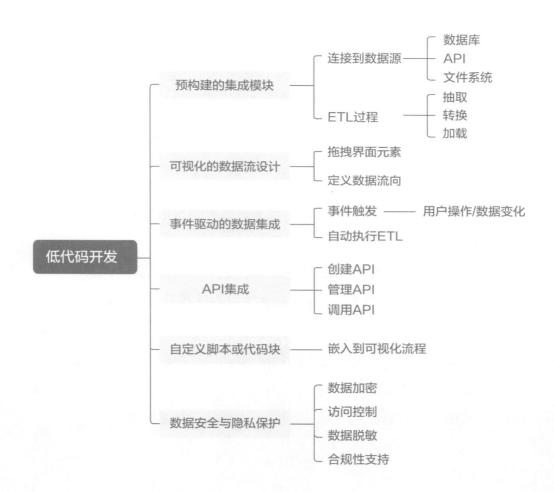

24. 低代码开发如何提升数据分析处理能力?

低代码开发平台通过以下几种方式提升数据分析处理能力。

（1）快速构建数据处理流程。低代码开发平台通常提供可视化的数据建模工具，开发人员可以通过拖拽组件的方式来定义数据模型，创建数据处理流程，实现数据转换。这种方式可以大大提高开发效率，减少手动编写代码的工作量。

（2）集成数据处理工具。低代码开发平台可以集成各种数据处理工具，如数据清洗、数据转换、数据分析等。这些工具可以使得开发人员更方便地处理数据，提高数据处理效率。

（3）自动化数据处理。低代码开发平台可以通过自动化脚本的编写，实现数据处理的自动化。这可以大大减少人工干预，提高数据处理效率。

（4）数据分析。低代码开发平台可以提供强大的数据分析能力，包括数据可视化、数据挖掘、机器学习等。这些能力可以帮助开发人员更好地理解数据，发现数据中的规律和趋势，为业务决策提供支持。

低代码开发平台数据分析处理能力

提升数据分析处理的流程
- 数据采集
- 数据清洗
- 数据转换
- 数据存储与管理
- 数据分析

低代码开发在流程中的应用
- 数据源设计：可视化设计，灵活选择多种数据源
- 数据处理流程设计：丰富的数据处理组件，简单配置即可完成复杂的处理任务
- 数据报表展示：支持多种图表类型，轻松实现数据可视化

低代码开发的优势对数据分析处理能力的影响
- 降低了数据清洗的难度，提高了清洗效率
- 简化了数据转换的流程，减少了错误率
- 实现了数据的有效存储与管理，保障了数据质量
- 提升了数据分析的效率，为业务提供了有力支持

25. 低代码开发是否支持扩展？

　　低代码开发平台通常支持扩展。许多低代码开发平台允许开发者根据需要扩展其功能，例如添加自定义代码或集成第三方服务。在使用低代码开发时，虽然大部分情况下不需要编写大量代码，但仍然需要支持在必要时通过少量的代码对应用各层次进行灵活扩展，例如添加自定义组件、修改主题 CSS 样式、定制逻辑流动作等。一些可能的需求场景包括 UI 样式定制、遗留代码复用、专用的加密算法、非标系统集成等。因此，低代码开发平台通常具有良好的可扩展性，能够满足不同业务需求的变化和增长。

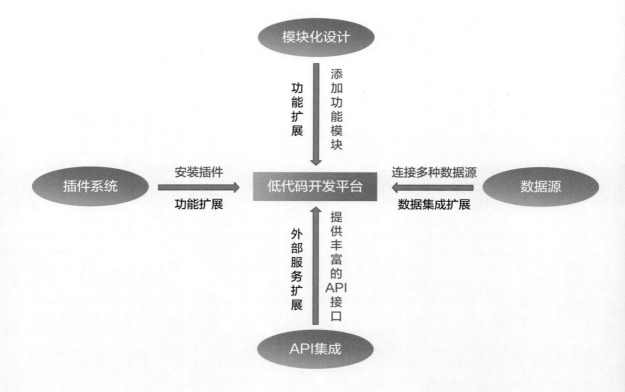

26. 低代码开发的使用场景有哪些？

（1）办公协同管理。各企业都需要办公系统进行人事、财务管理，加强团队协作，提高工作效率，促进知识共享，降低沟通成本。办公协同的流程具有高度相似性，低代码开发平台可以高度复用 CRM 系统、ERP 系统、人力资源管理系统等，实现各部门间的信息流通和资源整合，帮助企业快速、高效地开发出办公应用程序和系统，提升办公协同管理和运营效率，实现企业可持续发展。

（2）数据填报收集。通过低代码平台，企业能够快速构建出定制化的数据填报系统，简化填报流程，提高数据收集效率。低代码平台的可视化开发环境，使得开发者能够根据实际需求，灵活设计填报表单和收集流程，同时保证了数据的质量和准确性。低代码开发在数据填报收集场景中的应用，不仅降低了开发成本，还加快了数据处理速度，为企业决策提供了及时准确的数据支持。

（3）数据融合与分析。低代码平台简化了数据集成和 ETL（提取、转换、加载）过程，使企业能够快速构建数据融合和分析应用。这提高了数据处理和分析的效率，降低了开发成本。低代码平台的可视化开发环境，使得开发者能够更加专注于业务逻辑和数据分析。低代码开发在数据融合与分析场景中的应用，加快了企业数字化转型进程，成为企业提升竞争力的关键因素。

（4）项目需求分析、研发、测试及交付。低代码开发通过可视化的开发环境和简化的编程流程，使得企业能够快速响应需求变化，加快研发进度，降低开发成本。低代码平台支持快速原型制作和迭代，提高了项目交付效率，同时保证了项目的质量和稳定性。低代码开发在项目全生命周期管理中的应用，不仅提高了企业的开发效率，还加快了产品上市的时间，提升了企业的竞争力。

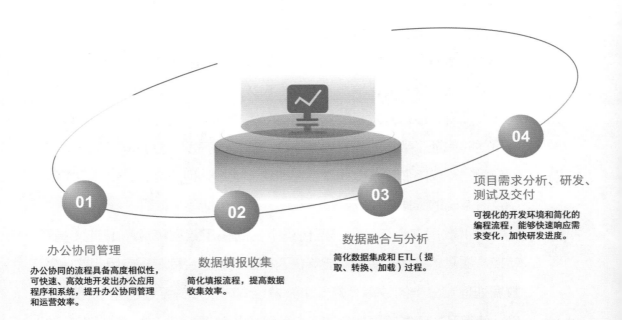

01

办公协同管理

办公协同的流程具备高度相似性，可快速、高效地开发出办公应用程序和系统，提升办公协同管理和运营效率。

02

数据填报收集

简化填报流程，提高数据收集效率。

03

数据融合与分析

简化数据集成和 ETL（提取、转换、加载）过程。

04

项目需求分析、研发、测试及交付

可视化的开发环境和简化的编程流程，能够快速响应需求变化，加快研发进度。

27. 低代码开发如何优化工作流管理?

低代码开发通过用户体验与可维护性、实时监控与反馈、自动化和智能化、集成与定制、安全性与可靠性等方面优化工作流管理。

（1）用户体验与可维护性。低代码开发平台注重用户体验和工作流的易用性，使非技术人员也能快速理解和操作工作流。同时，提供友好的维护界面和工具，方便对工作流进行更新和维护。

（2）实时监控与反馈。低代码开发平台提供实时监控和反馈功能，能够实时跟踪工作流的执行情况，收集和分析数据，以便及时发现和解决潜在问题，提升决策效率。

（3）自动化和智能化。低代码通过自动化和智能化工具，加强工作流开发的流畅性，校验工作流完整度和逻辑准确度，提升企业运营效率和质量。

（4）集成与定制。低代码开发平台通过提供集成的、预构建的工作流模块，能够快速创建和部署应用程序。同时，通过低代码的定制功能，可以根据具体需求对工作流进行细粒度的调整，确保其符合组织的业务流程和规范。

（5）安全性与可靠性。低代码开发平台应具备高可靠性和安全性，确保工作流数据的安全性和隐私保护。同时，要确保工作流的稳定性和可靠性，避免因系统故障或数据错误而影响工作流的执行。

用户体验与可维护性

提升用户体验，提供易用、易理解的平台，便于工作流更新和维护

安全性与可靠性

系统稳定、持续、安全运行

自动化和智能化

提升开发流畅性，校验工作流完整度和逻辑准确度

实时监控与反馈

发现、解决潜在问题，增强决策效率

集成与定制

工作流模块预构建，规范化工作流部署，定制化工作流开发

28. 低代码开发如何改进业务流程?

（1）业务流程可视化建模。低代码开发平台可以帮助用户快速构建业务流程管理系统，通过可视化的方式对业务流程进行建模、分析和优化，提高了业务流程的效率和准确性。

（2）流程快速搭建。低代码开发平台提供了一系列的组件、功能模块、表单等资源库，开发人员可以基于这些资源快速搭建用户需要的流程。

（3）流程快速上线和部署。低代码开发平台提供了可视化的工具和自动生成代码的功能，可以快速将创建的流程部署到云端或本地服务器上，以满足用户任何时候的需求。

（4）智能化增强反馈和决策。低代码开发平台可以帮助用户快速构建数字化转型所需的应用程序，迅速响应市场需求，通过快速响应、反馈、分析、调整，提供企业数字化转型发展的市场基础，不断提升市场敏感度，对业务流程的改进起到正向反馈作用，增强企业发展方向决策力。

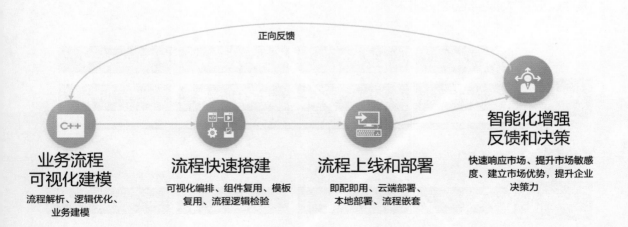

29. 低代码开发如何处理大数据应用场景？

　　低代码开发平台可以帮助开发人员快速构建数据集成、数据处理和分析的应用程序。低代码开发平台提供了可视化的数据模型设计、数据转换和 ETL（提取、转换、加载）工具，以及数据分析和报告功能。同时，低代码平台支持与各种数据源和数据处理工具的集成，使得企业能够方便地接入、处理和分析大数据。

　　此外，为提供高可用服务，低代码平台在大数据处理中采取了多种策略进行性能优化。通过使用高效的数据处理算法和索引、弹性计算、缓存机制、分布式计算框架、数据分片和分区等技术，优化数据查询和计算性能，提高响应速度，合理分配计算资源和存储资源。优化低代码平台内置的查询引擎，确保能够快速响应用户的查询请求。数据加载到低代码平台之前进行数据清洗和预处理，以减少后续处理的开销。持续监控低代码平台的性能，根据监控结果进行调优，以确保系统始终运行在最佳状态。这些策略共同作用，使得低代码平台能够在大数据处理中提供更好的性能，满足企业对大数据应用的需求。

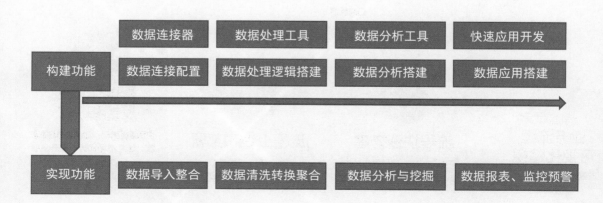

30. 低代码开发如何简化应用软件的维护?

低代码开发通过减少代码量、提高代码复用性、降低运维技术门槛、自动化工具和可视化界面等方式简化应用软件的维护工作。

（1）代码量少。低代码开发平台提供预先编写好的组件和模板，可以减少开发者需要编写的代码量。这意味着在软件维护过程中，对于一些常见的功能或模块，开发者可以直接使用已经编写好的代码，而无须从头开始编写，从而减少了维护工作量。

（2）代码复用性高。低代码平台上的组件和模块通常都是解耦可复用的，这提高了代码的复用性。在软件维护过程中，如果需要对某个功能进行修改或更新，开发者可以直接找到对应的组件或模块进行修改，而不用对整个应用程序进行大规模的改动。

（3）运维技术门槛低。低代码开发平台降低了技术门槛，让更多的人能够参与应用程序的开发和维护工作。对于非专业的开发者来说，他们可以通过低代码平台快速学习和掌握应用程序的维护流程，从而更高效地完成维护任务。

（4）自动化工具。低代码平台通常提供自动化工具，如数据管理、部署、测试等。这些工具可以帮助开发者自动完成一些维护任务，从而提高维护效率。

（5）可视化界面。低代码平台通常提供可视化的界面设计和配置工具。这使得开发者可以通过直观的方式对应用程序进行维护和调整，而无须深入了解底层的代码结构。

应用软件运维	
代码量少	低码量少意味着维护工作量小
代码复用性高	维护过程中，对某个功能进行修改或更新，可直接找到对应的组件或模块进行修改，而无须对整个应用程序进行大规模的改动
运维技术门槛低	通过低代码平台快速学习和掌握应用程序的维护技巧，从而更高效地完成维护任务
自动化工具	通过自动化工具帮助开发者自动完成一些维护任务
可视化界面	通过可视化的界面设计和配置工具，以直观的方式对应用程序进行维护和调整

31. 用户如何采用低代码开发融合多个系统?

低代码开发平台采取以下几种策略来融合多个系统。

（1）统一身份认证。通过单点登录（SSO）等方式，实现多系统的统一身份认证和授权管理，简化用户在不同系统间的登录和操作过程。

（2）可视化集成工具。低代码开发平台提供可视化的集成工具，使得开发者能够通过拖拽和连线的方式，将各个系统的组件进行整合，形成一个统一的工作流或业务流程。

（3）可扩展性。低代码开发平台具备良好的可扩展性，能够随着业务需求的变化进行灵活调整和功能增强。

（4）开放标准与集成 APIs。低代码开发平台遵循开放的国际标准和行业规范，同时提供丰富的 API 接口，使得第三方系统和工具能够与其进行集成和互操作，实现不同系统间的数据交换和业务逻辑处理。

（5）事件驱动架构。通过事件总线（Event Bus）或消息队列（Message Queue）等方式，实现各个系统的解耦和松耦合。当某一系统发生变化时，能够自动通知其他相关系统进行相应的处理。

（6）数据模型抽象。对于具有相似数据结构的系统，低代码开发平台可以提供统一、抽象的数据模型，从而简化多系统间的数据交互。

融合多个系统是一项复杂的工程，需要综合考虑技术、业务、组织和文化等多个方面。在实施过程中，还需遵循开放、标准、灵活和可扩展的原则，以满足不断变化的业务需求和技术环境。

身份认证	统一身份认证和授权管理
可视化集成	可视化集成编排
可扩展性	业务调整、功能增强
协议及API	遵循国际标准、行业规范、交换协议，提供数据交换和互操作性的技术基础
事件驱动	高度解耦，实时联动
模型抽象	建立统一、抽象的数据模型，简化数据交互

32. 用户如何运维低代码开发的系统和应用?

（1）用户支持和文档。低代码开发平台通过提供用户支持和文档，以便于用户快速上手和使用平台。同时，对于复杂的低代码开发系统和应用，也需要提供详细的文档和技术支持。

（2）持续集成和持续部署。低代码开发平台通常支持持续集成和持续部署，这意味着在代码变更后可以自动编译、测试和部署应用。这样可以提高开发效率，并减少人工干预。

（3）版本控制。低代码开发平台支持对开发出的系统和应用进行版本控制，以便于追踪代码的变更历史，以及回滚到之前的版本，保障系统长期稳定、持续运行。常用的版本控制工具包括 Git、SVN 等。

（4）监控系统性能。低代码开发系统和应用也需要进行性能监控，包括系统的响应时间、吞吐量、错误率等。可以使用一些监控工具，如 Prometheus、Grafana 等，来收集系统的运行数据，并进行实时分析和报警。

（5）备份和恢复。低代码开发平台基于云基础设施能力，提供备份和恢复功能，以便于在系统故障或数据丢失时能够快速恢复。

（6）安全性。低代码开发平台提供安全措施，包括数据加密、身份验证、访问控制等，以确保应用的安全性。

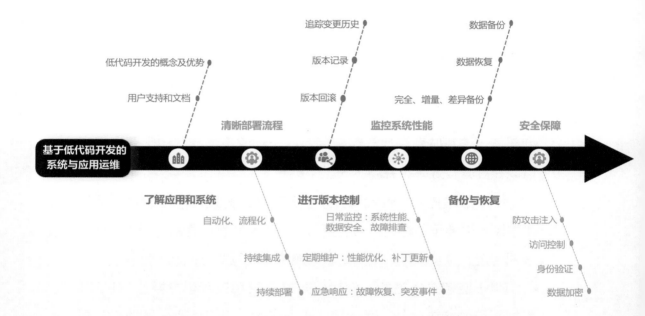

33. 低代码如何降低项目风险？

低代码开发平台通过降低开发难度，提高了开发效率，从而有效地降低项目风险。

（1）模块化设计。低代码开发平台生成的代码结构清晰，模块化程度高，减少了手动编码的工作量，从而降低了人为编码错误和漏洞的风险。

（2）编码预构建＋验证工具。低代码平台通常提供预构建的模块和组件，这些模块和组件已经优化并经过大量使用的验证，提高了项目交付的质量。

（3）高效迭代。低代码平台支持快速原型制作和迭代，使得项目团队可以尽早发现和解决潜在的问题，降低了项目失败的风险。

（4）协同开发。低代码平台通常支持多人协同开发，项目组成员高度参与项目管理，提高了团队的能力、灵活性和配合度，降低了人力资源风险，以保证项目开发的效率和质量。

（5）集成能力。低代码平台通常具有良好的集成能力，可以轻松地与其他系统集成，在事前监控、把控风险。

（6）安全保障。低代码平台通常提供内置的安全性和合规性功能，降低了数据泄露和不符合法规的风险。

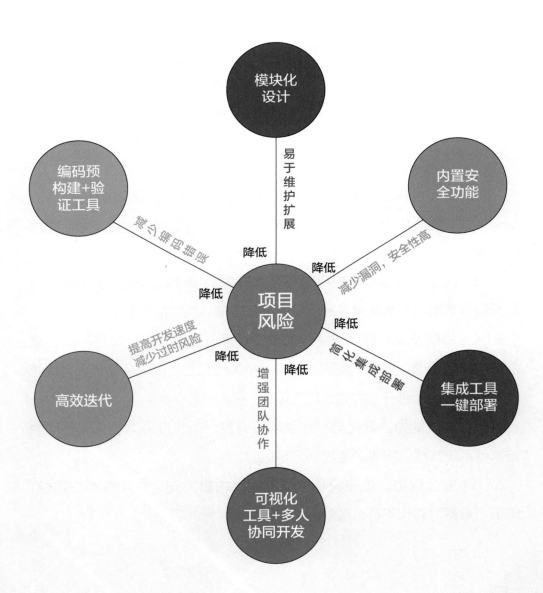

34. 低代码开发适用于哪些人？

低代码开发平台主要面向的人群如下。

（1）研发工程师。低代码开发平台可以帮助研发工程师快速构建应用程序，提高开发效率，降低开发难度。

（2）技术线领导。技术线领导可以更直观地把控项目开发过程。

（3）营销/市场人员。不懂 IT 的营销/市场人员可以使用低代码开发平台根据实际业务需求自行设计并使用应用程序，无须依赖研发人员。

（4）产品运营人员。低代码开发平台可以快速构建数据可视化应用程序，帮助产品运营人员快速分析数据。

（5）运维工程师。低代码开发平台可以快速构建运维管理应用程序，提高运维效率。

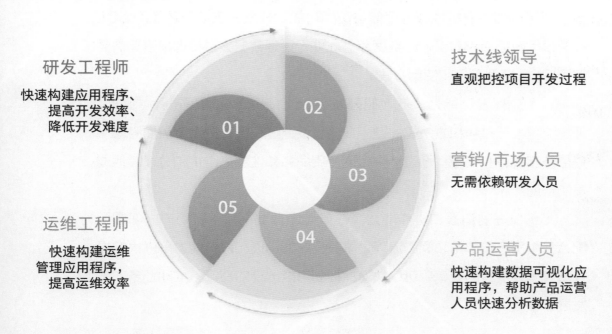

35. 开发者使用低代码需要具备哪些技能？

（1）前端技能。前端开发的技能包括 HTML、CSS、JavaScript、XML 和 XSLT 等。对于前端开发来说，熟悉常见的框架和库（如Angular、React、Vue 等）就显得格外重要。一些特殊页面（例如公司官网、海报页面等）是比较灵活多变的，这时简单的编辑器就无法满足用户需求了。在平台预置资源无法满足的情况下，开发者可以自行开发更加丰富的前端组件，通过自定义的方式构建所需的应用。

（2）编程能力。虽然低代码开发可以采用拖放式组件进行拼装，但是在一些场景下，还是要进行一些代码的编写和调试，例如集成其他系统API。编程能力的提升可以让开发者实现更高级别的逻辑复杂度。

（3）数据库技能。数据库管理在低代码开发中非常重要，因为大多数应用程序都需要集成数据存储与访问功能。开发者应该熟悉使用 SQL等关系型数据库和 NoSQL 数据库。此外，管理数据关系和构建查询需要掌握 SQL 模型概念和使用方法。

（4）流程设计能力。低代码开发平台支持业务流模型设计。因此，理解流程设计过程和方法是关键。在流程设计过程中，开发者需要考虑流程最佳实践，并在流程图设计中合理使用命名和注释来维护和分享其他成员的帮助。

（5）良好的沟通和协作能力。在低代码开发平台下，用户内部需要配合各个角色和部门之间的流程。掌握良好的沟通和协作能力可以大幅提升低代码开发者的效率，可以快速捕捉到可能出现的瑕疵，推动业务向前发展。

（6）自我学习能力。低代码开发需要持续的发展和推广。开发者在成为一个有经验的低代码开发者之前，需要不断学习新技术和新方法，以便为客户提供更好的解决方案。保持学习和更新最新有效的知识也是很重要的技能。

此外，不同的低代码场景需要不同的前端编辑器、表单编辑器、流程编辑器、画布编辑器、Excel 编辑器和服务端引擎等工具。开发者需要根据具体需求选择合适的工具，并掌握相关的技能。

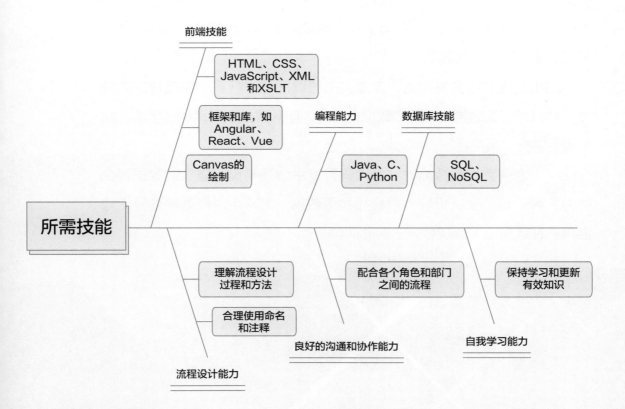

36. 低代码如何改善团队协作效率及降低成本?

低代码开发平台通过提高开发速度、降低技术门槛、提高并行开发能力以及增强数据整合能力等方面来改善团队协作效率和降低成本。

（1）提高开发速度。低代码开发平台能够显著提高开发速度。开发人员不需要从零开始编写代码，而是可以通过拖拽组件和模型来快速构建应用程序，因此可以减少开发周期，节约开发成本。

（2）降低技术门槛。低代码开发平台降低了技术门槛，使得业务人员和开发人员都能够参与到应用程序的开发中。业务人员可以通过平台提供的功能，自行设计和开发应用程序，而开发人员则可以专注于编写核心逻辑代码，打破业务人员与研发人员思维逻辑屏障，共同参与应用或系统开发，提升团队合作效率。

（3）提高并行开发能力。开发人员可以同时进行多个应用程序的开发，并且可以实时更新和同步数据。此外，团队成员还可以通过版本控制来避免冲突，提高团队协作效率。

（4）增强数据整合能力。低代码开发平台通常具有强大的数据整合能力，可以帮助团队更好地整合和利用数据。团队可以根据需要轻松地连接各种数据源，实现数据的实时同步。

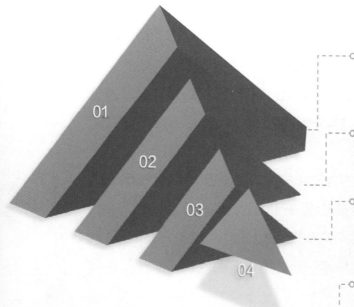

提高开发速度
不需要从零开始编写代码；
拖拽组件和模型快速构建应用程序

降低技术门槛
通过平台提供的功能，自行设计和开发应用程序，
开发人员则可以专注于编写核心逻辑代码，
打破业务人员与研发人员思维逻辑屏障，共
同参与应用或系统开发

提高并行开发能力
可以同时进行多个应用程序的开发；
可以实时更新和同步数据；
通过版本控制来避免冲突

增强数据整合能力
根据需要轻松地连接各种数据源，实现数据
的实时同步

37. 有哪些具备影响力的低代码开发产品?

（1）OutSystems。提供可视化建模、一键部署、集成开发环境等功能，支持快速构建和部署企业级应用。

（2）Mendix。基于云的低代码应用开发平台，提供拖放式界面设计、数据模型管理、一键式部署等功能，加速应用开发过程。

（3）Microsoft Power Apps。微软推出的低代码应用开发平台，与Office 365 和 Dynamics 365 等微软产品深度集成，适合构建企业级业务应用。

（4）Appian。通过提供强大的自动化技术来加速复杂业务逻辑应用程序的创建，并使客户能够实现业务流程的自动化。

（5）Salesforce。提供全面客户关系管理（CRM）解决方案的平台，它通过一系列产品和服务帮助公司与客户建立更紧密的联系。

产品名称	产品介绍	场景应用
OutSystems	OutSystems 是一款全面的低代码开发平台，提供可视化建模、一键部署、集成开发环境等功能，支持快速构建企业级应用。	企业级 Web 和移动应用开发； 业务流程自动化； 客户关系管理（CRM）系统
Mendix	Mendix 是一款基于云的低代码应用开发平台，提供拖放式界面设计、数据模型管理、一键式部署等功能，加速应用开发过程。	自定义业务应用开发数字化转型项目； 快速原型设计和迭代
Microsoft Power Apps	Microsoft Power Apps 是微软推出的低代码应用开发平台，与 Office 365 和 Dynamics 365 等微软产品深度集成，适合构建企业级业务应用。	自定义业务流程自动化； 数据收集和管理应用； 跨部门协作工具
Appian	Appian 通过提供强大的自动化技术来加速复杂业务逻辑应用程序的创建，并使客户能够实现业务流程的自动化。Appian 的平台包括所有设计、自动化和优化复杂流程所需的功能，覆盖全生命周期管理。	业务流程自动化； 客户服务管理； 数据管理和集成
Salesforce	Salesforce 是一个提供全面客户关系管理（CRM）解决方案的平台，它通过一系列产品和服务帮助公司与客户建立更紧密的联系。自 1999 年成立以来，Salesforce 已经发展成为一个包含多种产品的套件，旨在改善业务流程和客户互动。	数字化营销； 加速销售周期； 企业协同及管理

38. 低代码开发的未来趋势是什么?

（1）技术创新。随着人工智能、大数据、云计算等技术的不断发展，低代码开发技术也将不断创新，提高开发效率和稳定性。

（2）行业应用拓展。低代码开发技术将在更多行业得到应用，如金融、制造、医疗、教育等，满足各个行业的个性化需求。

（3）生态体系建设。低代码开发平台将与其他技术平台、服务商、开发者等建立良好的生态体系，打造低代码开发技术生态和产业生态。

（4）技术融合发展。低代码开发技术将与敏捷开发、DevOps 等现代软件开发方法相结合，为用户提供更高效、便捷的软件开发解决方案。

39. 低代码开发与人工智能技术、物联网技术如何融合，意义是什么？

低代码开发与人工智能技术、物联网技术的融合提高了开发效率和便捷性，促进了技术的普及和应用，也增强了应用的智能性。与此同时，低代码开发为人工智能和物联网技术提供了快速、高效的开发平台，使得这些技术能够更加便捷地应用到实际业务场景中，人工智能和物联网技术为低代码开发提供了丰富的功能和数据源，使得开发者能够创建出更加智能、实用的应用。具体的融合方式如下。

（1）智能化的低代码开发工具。利用人工智能技术，开发出能够智能推荐代码、自动修复错误和调整性能参数的低代码开发工具。这些工具可以根据开发者的需求和习惯，智能推荐合适的模块、组件和解决方案，大大提高了开发效率。

（2）自动化决策。在低代码开发平台上，人工智能技术可以自动执行某些决策任务，例如自动修复代码错误、自动调整性能参数等。这使得开发者能够更加专注于业务逻辑和创新，减少了在决策上的时间和精力。

（3）物联网数据集成。低代码开发平台可以与物联网设备集成，通过 API 或 SDK 将物联网数据集成到应用程序中。这样，开发人员可以利用物联网数据来优化应用程序的性能和用户体验。

（4）智能化数据分析。结合人工智能技术，对物联网数据进行多维度分析，实现基于数据驱动的业务流程改善。例如，通过对设备运行数据、故障数据和第三方管理数据的分析，可以及时反映现场设备的运行情况，提高设备运维管理效率。

（5）设备运行可视化。利用物联网技术和低代码平台，可以构建设备运行可视化管理系统。这样，开发人员和运维人员可以及时发现设备故障，提高设备运行效率。

（6）业务管理模块化。根据业务场景的抽象和分类，构建以生产现场管理和 OEE 报表为核心的业务管理模块。这样，用户可以从不同的维度进行 OEE 损失原因分析，找出数据背后的规律，为用户智慧决策提供数据支撑。

（7）PDCA 闭环管理。结合精益管理理念，利用低代码开发平台和物联网技术实现设备运维的 PDCA 闭环管理。这样，用户可以对设备运维的全过程进行计划、执行、检查和行动，持续改进设备运维的效率和效果。

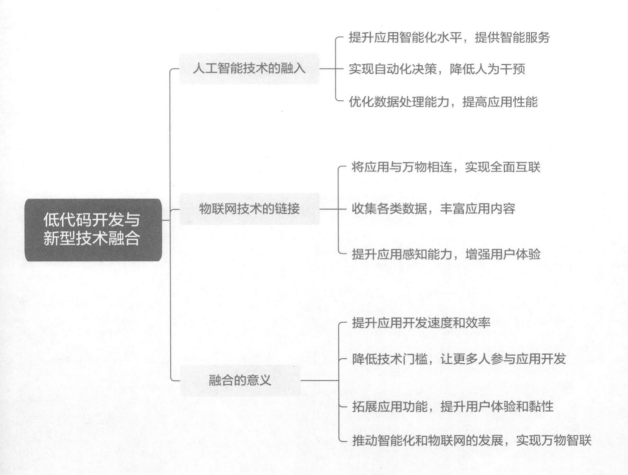

第三篇
应用场景篇

40. 低代码开发在哪些行业上有应用?

低代码在许多行业都有应用，如通信、金融、制造、政务、能源、交通运输、零售、医疗、房地产、农牧、教育、公共管理、建筑、文娱、软件和信息技术服务业等。

在通信行业中，低代码开发的应用主要集中在移动应用、物联网设备管理、通信网络管理和 BSS 系统升级等方面。低代码开发平台通过可视化和模块化组件，提高了开发效率，降低了开发难度，使得非专业开发者也能参与应用开发。这些应用能够满足通信行业在数字化转型过程中的快速响应业务变化的需求。

在金融行业，低代码平台可以快速构建客户服务系统，包括在线客户支持、在线申请表单、移动银行应用等，提高客户满意度并降低客户获取和维护成本。此外，低代码平台还可以帮助金融机构快速搭建风险管理系统、内部审计系统、投资管理系统、贷款和信贷管理系统以及报表和数据分析系统，实现数据收集、分析和报告的自动化，提高审计效率，更快地响应市场变化，发现业务中的问题和机会。

在制造业，低代码平台可以帮助用户实现生产过程的数字化和智能化，提高生产效率和产品质量。例如，通过低代码平台可以快速构建生产管理、供应链管理、品质控制等系统，实现生产过程的全面数字化。此外，低代码平台还可以帮助用户实现供应链的透明化和优化，提高供应商的协同效率和物流的可靠性。

在政务业，低代码开发应用旨在提升开发效率并推动数字化转型。通过低代码开发平台，政务机构能够以更高效的方式构建和部署各类应用，从而优化开发流程、降低维护成本。此外，低代码开发还有助于政务机构实现业务流程的数字化和智能化，进一步提升政务服务的质量和效率。展望未来，随着技术的不断进步，低代码开发在政务领域的应用将更广泛和深入，为政务机构的发展提供强有力的支持。

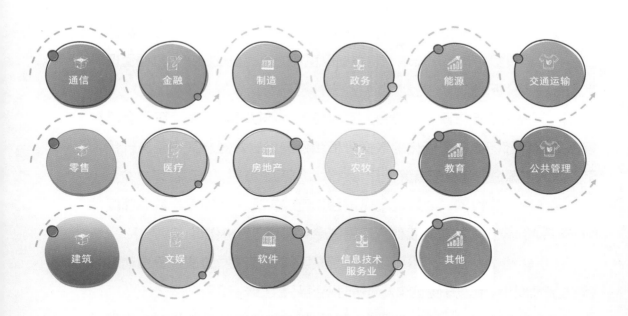

41. 低代码开发如何赋能智慧水利建设？

低代码开发是一种应用开发方式，它使开发者能够通过图形界面，以可视化、模块化、拖拽式等方式设计和构建应用软件，从而减少手写代码的工作量。在智慧水利建设中，低代码开发可以通过以下几种方式赋能。

（1）快速应用开发。通过低代码平台，开发者可以快速构建智慧水利相关的应用系统，例如水文监测系统、水利工程管理系统等。这种方式可以缩短应用开发周期，提高开发效率。

（2）数据整合与可视化。低代码平台可以帮助整合水利部门的数据资源，并通过数据可视化技术，将数据以直观的方式呈现出来，方便管理者进行决策分析。

（3）智能分析与预测。结合人工智能和大数据技术，低代码平台可以帮助水利部门进行智能化的数据分析和预测，例如对水文气象进行预测，对水资源进行优化配置等。

（4）跨部门协同。通过低代码平台，可以实现水利部门与其他部门（如环保、气象等）的协同工作，促进信息共享和业务协作。

（5）移动化办公。利用低代码平台，可以快速开发出适用于移动设备的智慧水利应用，方便工作人员随时随地开展工作。

（6）安全性保障。低代码平台可以提供强大的安全保障机制，确保智慧水利系统的数据安全、系统稳定。

（7）云服务集成。通过与云服务提供商的合作，低代码平台可以集成各种云服务，如云存储、云计算等，为智慧水利提供强大的计算和存储能力。

（8）模块化设计。低代码平台支持模块化设计，这意味着开发者可以针对智慧水利的不同部分（如水资源管理、防汛抗旱等）开发独立的模块，然后通过平台进行集成。这种方式可以提高应用的灵活性和可维护性。

（9）用户自定义。低代码平台通常支持用户自定义功能，这意味着用户可以根据自己的需求对应用进行微调，满足特定的业务需求。

（10）跨平台部署。低代码平台支持多种操作系统和设备，这意味着智慧水利应用可以在各种平台上运行，可以实现更快的开发并降低成本。

通过以上这些方式，低代码开发为智慧水利建设提供了全方位的支持，有助于提高水利行业的信息化水平，推动水利行业的持续发展。总的来说，低代码开发能够为智慧水利建设提供强大的技术支持，促进水利行业的数字化转型和智能化升级。

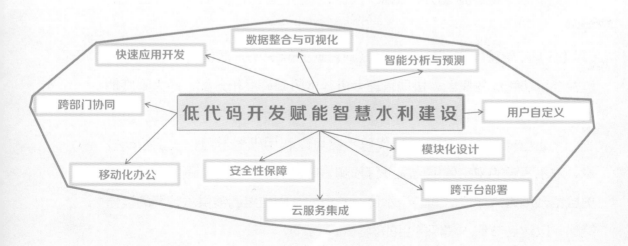

42. 低代码开发在水资源管理方面的应用

（1）智慧水务可视化。通过低代码开发平台，可以快速构建水资源管理应用系统。这些系统通过可视化的界面，直观地展示水资源的分布情况和使用情况，帮助管理者更好地管理和利用水资源。

（2）厂站监测。对于水厂来说，低代码可以用来实时监测水厂的运行状态，包括设备运行状况、能耗情况、水质情况等。这些数据可以通过低代码平台进行实时采集、分析和展示，帮助管理者及时发现和解决问题。

（3）供水管网监测。低代码平台也可以用来监测供水管网的运行情况，包括供水量、用水量、压力等数据。这些数据可以帮助管理者了解管网的运行状况，及时发现和解决潜在的问题。

（4）数据分析与决策支持。低代码平台可以整合各种数据源，包括水资源管理系统的业务数据、气象数据、地理信息数据等，并对数据进行综合分析和挖掘。这些分析结果可以帮助管理者作出更加科学、合理的决策。

（5）应急管理与调度。在水资源紧缺的情况下，低代码平台可以通过智能算法和优化模型，协助管理者进行水资源调度和分配，最大限度地利用有限的水资源。

（6）智能预测与优化。低代码平台可以利用机器学习和人工智能技术，对水资源的未来使用情况进行预测，并提供优化建议。例如，根据历史数据预测未来一段时间的用水量，并根据预测结果调整供水管网的运行策略，以达到节约水资源的目的。

（7）协同与信息共享。低代码平台可以建立统一的协同平台并实现信息共享，将各个部门的信息进行整合与共享，提高部门之间的协作能力和沟通效率。

（8）培训与教育。通过低代码平台，可以创建各种培训课程和教材，帮助工作人员快速掌握水资源管理方面的知识和技能，并提供在线学习和考核功能，提高培训的针对性和效果。

（9）用户服务优化。通过低代码平台，可以建立更加智能化、个性化的用户服务平台，为用户提供更加便捷、高效的服务。例如，用户可以通过手机 App 实时查询水费账单、报修维修、申请水量调整等，同时平台可以根据用户的需求和反馈，不断优化服务质量和效率。

总的来说，低代码在水资源管理方面的应用可以帮助管理者更加高效、精准地管理水资源，提高水资源的利用效率，更好地应对水资源短缺和水环境污染等问题，为城市的可持续发展提供有力支持。

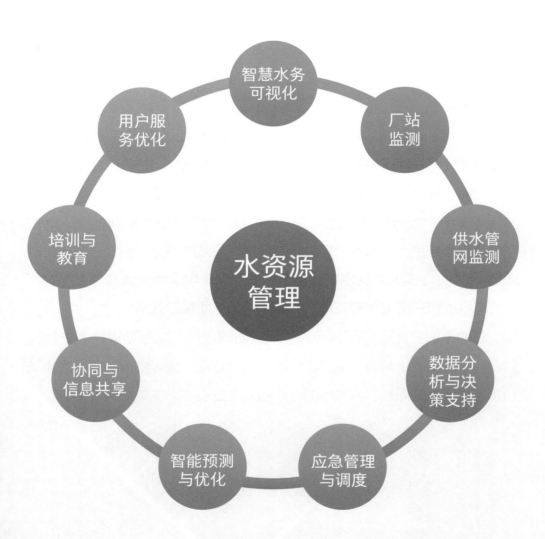

43. 低代码开发在水利工程管理方面的应用

　　低代码在水利工程管理方面具有广泛的应用前景，可以提高水利工程的管理效率和水资源的利用效率，为水利事业的可持续发展提供有力支持。

　　（1）水利工程规划。低代码可以用于开发水利工程规划系统，通过模拟和分析不同方案的效果，帮助规划人员更好地选择最优方案。

　　（2）水利工程设计。低代码可以用于开发水利工程设计系统，实现水利工程设计的自动化和智能化，提高设计效率和精度。

　　（3）水利工程施工。低代码可以用于开发水利工程施工管理系统，实现施工过程的数字化管理，提高施工效率和安全性。

　　（4）水利工程维护。低代码可以用于开发水利工程维护管理系统，实现维护计划的制定、执行和监控，提高维护效率和延长工程寿命。

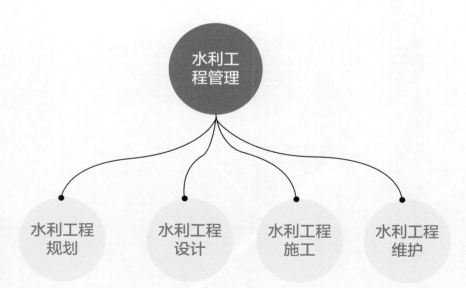

44. 低代码开发在防汛抗旱方面的应用

　　低代码在防汛抗旱方面的应用主要体现在数字化管理和智能化决策两个方面。在数字化管理方面，低代码开发平台能够快速构建防汛抗旱相关的应用系统，如洪水预测、灾情监测、人员物资调配等，通过数据可视化、图表分析和预警提示等功能，实现数字化管理，提高工作效率和响应速度。在智能化决策方面，低代码开发平台可以利用人工智能和大数据技术，对防汛抗旱相关的数据进行深度挖掘和分析，通过模型预测、趋势分析、风险评估等功能，为决策者提供科学依据和智能化建议，提高决策的准确性和可靠性。

　　（1）数据管理和可视化。利用低代码平台可以快速搭建数据管理系统，用于收集、存储和分析与防汛抗旱相关的数据，如水位、降水量、气象数据等。同时，可以通过低代码创建数据可视化界面，直观地展示数据，帮助决策者更好地理解和应对灾害情况。

　　（2）预警系统和通知。低代码可以用于开发预警系统，根据设定的指标和规则，自动发送预警通知给相关部门和人员，帮助他们及时采取措施，减少灾害的影响。

　　（3）移动应用开发。低代码平台可以用于快速创建防汛抗旱相关的移动应用，提供实时数据、地图导航、应急救援等功能，方便相关人员在现场进行工作和决策。

　　（4）资源管理和调度。通过低代码开发资源管理系统，对防汛抗旱所需的物资、设备和人员进行有效的管理和调度，确保资源的合理分配和使用。

（5）应急响应流程自动化。利用低代码可以设计和实施应急响应流程的自动化，确保在灾害发生时能够快速、准确地采取适当的行动。

总的来说，低代码在防汛抗旱方面的应用能够帮助相关部门更好地应对自然灾害，减少人员伤亡和财产损失。同时，也提高了防汛抗旱工作的数字化和智能化水平，为我国水利事业的发展提供了有力支持。此外，低代码开发平台还可以通过与其他系统的集成，实现数据共享和信息互通，提高防汛抗旱工作的协同性和联动性。例如，可以与气象、水文、交通等部门进行数据共享和信息互通，实现实时监测、预警提示和快速响应，共同应对自然灾害。

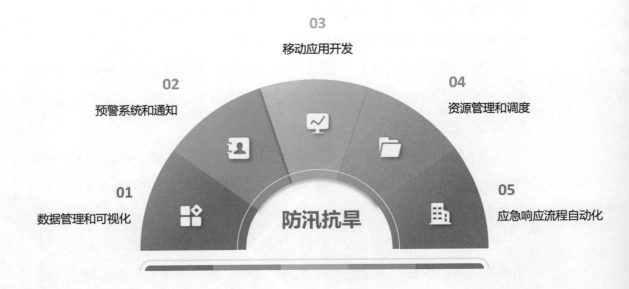

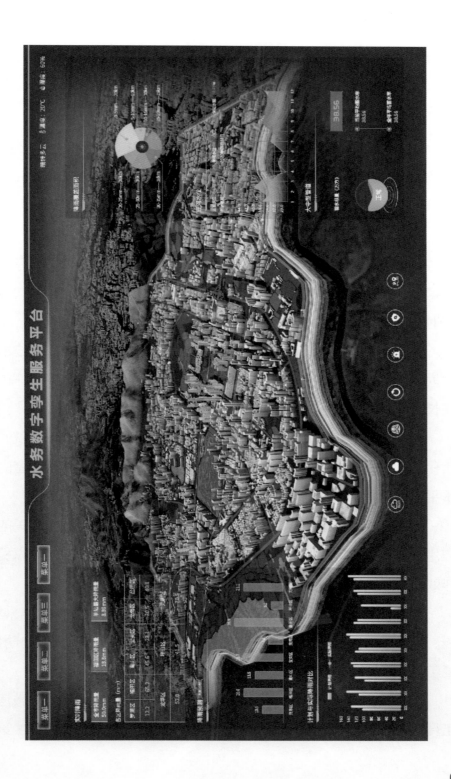

45. 低代码开发在水土保持方面的应用

（1）数据采集和处理。低代码平台可以快速搭建数据采集系统，从各种传感器和设备中收集水土保持相关的数据，如土壤湿度、降水量、植被覆盖度等，并通过低代码平台进行数据预处理和分析，为后续的决策提供数据支持。

（2）自动化监测和预警。低代码平台可以通过算法和模型对采集到的数据进行处理，实现自动化监测和预警功能。例如，当土壤湿度过高或过低时，系统会自动发出预警，提醒管理者及时采取措施。

（3）决策支持系统。低代码平台可以基于采集到的数据和建立的模型，为管理者提供决策支持。例如，根据土壤湿度和降水量预测未来的植被生长情况，帮助管理者制定更加科学和有效的水土保持方案。

（4）知识管理和共享。低代码平台可以用于搭建知识管理系统，将水土保持相关的知识和经验进行整理和分享。这有助于提高管理者的专业水平，促进团队之间的协作和交流。

（5）移动应用开发。低代码平台还可以快速开发水土保持相关的移动应用，如巡查员用于记录巡查情况的 App 等。这些移动应用可以提高工作效率，方便管理者随时随地进行管理和决策。

（6）流程自动化。水土保持工作涉及多个环节和流程，如数据采集、分析、报告生成等。低代码开发可以用于设计和实施工作流程的自动化，提高工作效率和准确性。

（7）决策支持。低代码开发可以结合地理信息系统（GIS）和数据分析工具，为水土保持决策提供支持。通过地图可视化和数据分析，决策者可以更好地了解水土保持状况，制定相应的策略和措施。

　　总的来说，低代码在水土保持方面的应用可以帮助管理者更加高效地进行水土保持工作，提高管理效果和保护水平。但在应用于水土保持工作时，仍然需要专业人士的参与和指导，以确保开发的应用程序符合实际需求并且具有科学性和可靠性。

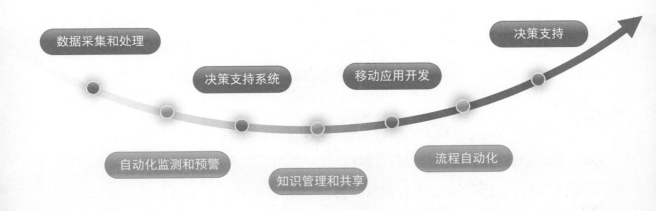

46. 低代码开发在水务一体化方面的应用

（1）厂站监测。通过低代码平台，可以快速构建和部署各种厂站监测应用。这些应用可以实时监控水厂的运行状态、水质情况、能耗数据等，并将数据集成到一个统一的管理平台上。这有助于提高水厂的运行效率和安全性。

（2）供水管网监测。低代码平台可以快速开发出供水管网监测应用，实时监控管网的运行状况，如压力、流量、水质等。这些数据可以用于分析管网的运行效率，及时发现和解决潜在的问题。

（3）水务大数据分析。通过低代码平台，可以构建各种数据模型和分析工具，对水务数据进行深入挖掘和分析。例如，通过分析用水量、水质、气象等数据，可以预测未来的用水需求和水质状况，为决策者提供科学依据。

（4）移动应用开发。低代码平台可以快速开发出水务相关的移动应用，如巡检员巡检应用、报修应用等。这些应用可以方便工作人员随时随地进行工作，提高工作效率和响应速度。

（5）系统集成。低代码平台可以轻松地将各种水务系统集成到一个统一的平台上，如 SCADA 系统、CRM 系统、ERP 系统等。这有助于消除信息孤岛，实现信息的共享和协同工作。

总的来说，低代码在水务一体化方面的应用可以帮助水务部门快速开发出各种应用和系统，提高工作效率，提升响应速度，为水资源的合理利用和保护提供有力支持。

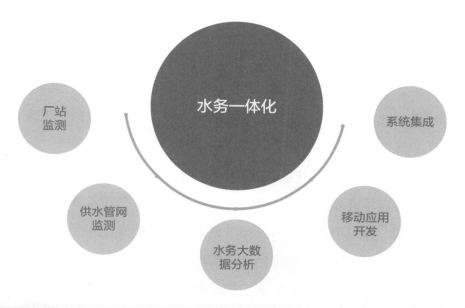

47. 低代码开发在灌溉系统方面的应用

低代码技术在灌溉系统方面有多种应用，具体如下。

（1）建立农业数据平台。借助低代码技术，可以轻松建立一个农业数据平台，实现农业数据的集中管理，系统通过不同的数据接口与各种设备和传感器相连，收集、存储、处理、分析农业生产中的相关数据，包括土地信息、气象数据、植株生长情况、肥料使用量、农药打药情况等。

（2）实现自动化控制。构建自动化控制系统，实现智慧农业的自动化管理。例如，通过智能灌溉系统，结合农业数据平台，实现灌溉自动控制，根据不同地块、作物和当前天气调整灌溉方案，从而保证最优的灌溉效果。与此同时，还可以通过智能设备和传感器监测土壤、植株、灌溉水质等信息，根据实时数据调整灌溉策略，自动调整灌溉计划，确保植物得到适量的水分。这不仅节约了水资源，还有助于植物的健康生长。

（3）建立农业建模和预测分析模型。基于低代码技术建立农业建模和预测分析模型，提高农业生产效率。例如，建立一个基于土壤数据的农作物生长预测模型，结合气象数据、春夏秋冬的变化模式以及其他诸如植物营养、光照、CO_2浓度等信息，来预测作物的生长状况，这可以帮助农民更好地决定作物的种植时间、肥料和灌溉水的使用等。

低代码技术为灌溉系统的智能化提供了无限可能，通过低代码开发，能够轻松地构建各种模型及应用，实现农业数据的集中管理和可视化展示，构建自动化控制和监管平台，进而助力农业生产的智能化和高效化。

48. 低代码开发在水质监测与预警系统上的应用

（1）数据采集和监测。低代码平台可以通过集成各种传感器和设备，实时获取水质数据，如 pH、浊度、总有机碳等，通过低代码平台进行自动采集，降低了手动操作的难度和误差率。

（2）数据处理和分析。低代码平台可以提供强大的数据处理和分析功能，通过对水质数据的可视化呈现，让用户快速了解水质情况。此外，通过预设的算法模型，可以分析水质变化趋势，预测未来的水质状况。

（3）预警功能。基于低代码平台的数据处理和分析能力，可以设定预警阈值，当水质数据达到或超过阈值时，系统自动触发预警通知，提醒相关人员及时处理。

（4）自动化调度和决策。低代码平台可以通过集成其他设施，如水泵、加药设备等，实现自动化的调度和控制。根据水质监测结果，自动调整设备运行状态，以达到改善水质的目的。

（5）数据报表生成。低代码平台可以快速生成各类水质数据报表，如日报、月报等。这些报表可以帮助用户全面了解水质状况，为决策提供数据支持。

（6）用户界面优化。低代码平台提供直观的用户界面设计工具，可以根据用户需求定制界面，使得水质监测与预警系统的操作更加简便。

（7）系统集成与扩展。低代码平台具有良好的集成性和扩展性，可以与其他系统进行无缝对接，实现数据的共享和交换，助力提高水质监测与预警系统的整体效能。

低代码在水质监测与预警系统中的应用，有助于提高系统的自动化程度、数据处理的效率和准确性，降低人工干预的成本和误差率，为水环境的保护和管理提供有力支持。

49. 低代码开发在河湖管理方面的应用

低代码在河湖管理方面的应用主要体现在以下几个方面。

（1）河湖基础要素管理。低代码平台依托电子政务外网、互联网、专有域，利用大数据技术，对现有河湖信息资源进行整合，实现对流域、水系、水库、水电站、取水口等河湖相关数据的管理，以及河湖数据的大数据分析，提高河湖管理的信息化水平。

（2）河长制业务管理。低代码平台面向五级河长、相关单位及社会公众提供服务，实现巡河报事、监督考核、专项行动、数据审核、工作报送、数据交换等河长制业务管理功能，以信息化的手段全面提升河湖数据的管理能力，形成河长制＋河湖治理新型管理模式。

（3）"一张图"管理。低代码平台融合 GIS 技术和大数据分析，打造出一款全面覆盖、层次丰富且实时动态更新的河湖资源管理"一张图"。该图深度整合了流域、水系、水库、水电站及取水口等关键水资源设施的空间分布与统计信息，用户可根据需求查看基础图层、河湖专题、划界专题、要素专题以及专项专题图层等多个图层内容，实现从宏观到微观、从静态到动态的精确查询与展示，从而构建具有实战应用价值的河湖管理决策支持"作战图"。

（4）数据共享交换管理。低代码平台实现了多个业务系统的数据融合共享，促进不同政府部门、业务机构之间的信息互联互通，实现实时数据共享，支持跨部门、跨地区的协同管理工作，有利于制定更为科学、合理的河湖保护与治理策略。

贵州河湖大数据管理信息系统

一张图　基础数据　业务管理　数据交换　系统管理

欢迎您：superadmin

基础数据

河湖河长
河湖档案
河道划界
河道划界
河湖要素
水库
　水电站
　排污口
　取水口
　堤防
　码头
　污水处理厂

行政区编号：贵州省　关键字查询：　关键字查询

+ 新增

序号	水库…	水库…	所在…	所在…	工程…	建成…	水库…	工程…	主坝…	主坝…	主…	操作
1	双河口电…	5227280…	红水河[H…	蒙江	已建	2008	贵州潆江…	Ⅱ	2级	面板坝		编辑 删除 定位
2	黄花寨电…	5227290…	红水河[H…	蒙江	已建	2010	大唐贵州…	Ⅱ	2级	拱坝	器	编辑 删除 定位
3	三板溪水…	5226280…	沅江浦市…	沅江	已建	2006	贵州清水…	Ⅰ	1级	面板坝		编辑 删除 定位
4	观音岩水…	5226230…	沅江浦市…	舞水	已建	1993	黔东南州…	Ⅱ	2级	拱坝	3	编辑 删除 定位
5	白市电站…	5226270…	沅江浦市…	沅江	在建		白市电厂…	Ⅱ	2级	重力坝	3	编辑 删除 定位
6	洪家渡电…	5224250…	思南以上…	乌江六…	已建	2004	贵州省乌…	Ⅰ	1级	面板坝		编辑 删除 定位
7	天生桥一…	5223280…	南盘江[H…	西江	已建	1998	天生桥一…	Ⅰ	1级	面板坝		编辑 删除 定位
8	马马崖…	5223220…	北盘江[H…	北盘江	在建		贵州北盘…	Ⅱ	2级	重力坝	锅	编辑 删除 定位
9	鲁布革水…	5223010…	南盘江[H…	黄泥河	已建	1990	鲁布革水…	Ⅱ	2级	重力坝	3	编辑 删除 定位

搜索　重置

共2387条　10条/页　1 2 3 4 5 6 … 239

50. 低代码开发在水利工程运行管理方面的应用

（1）水库基础信息管理。低代码平台实现对水库工程基础信息、地理空间信息、工程前期文档、工程设计资料等的管理。

（2）大坝自动化监测与预警。低代码平台实现对大坝原始监测数据的自动采集、综合分析应用、报表定制输出等功能，保证了对水库大坝工程安全状况的实时掌控，降低传统手工测量的劳动强度，大大提高监测数据的准确性和时效性。

（3）水雨情监测与分析预警。低代码平台实现对水位、雨量、流量等数据收集与处理，依据某一时间段查询其历史水位、雨量过程数据，监控水库的当前水位是否超正常蓄水位、汛限水位等水库防洪安全指标。当水库水位达到预警值时，系统将根据不同的预警等级级别发送不同的预警响应信息，保证水库安全运行。

（4）水库综合调度。低代码平台根据水库承担任务的主次及规定的调度原则，运用水库的调蓄能力，在保证大坝安全的前提下，有计划地对入库的天然径流进行蓄泄，实现水资源综合利用，达到除害兴利的目的。

51. 低代码开发在水源保护区管理方面的应用

（1）人工智能遥感解译识别。低代码平台通过无人机和遥感定时、全覆盖地获取保护区范围的影像数据。获取每期影像后，通过面向对象的方法进行图像解译获得分类结果，对分类结果进行人工判读方式校核，评价解译的精度。在分类结果达到要求后，对结果进行分析，并通过建立 GIS 数据展示、分析平台对遥感监测结果进行展示和分析。通过面向对象的解译分析，对保护区范围内的变化情况进行全覆盖的监测和详细的分析预警，建立监测分析模型，识别提取水源保护区易扰区（敏感区），实施重点的监测保护。建立空间数据库存储数据，基于遥感监测分析 GIS 可视化平台，实现对监测结果的基础性管理和分析工作。

（2）空地一体化协同监管。低代码平台基于水源保护区准保护区、二级保护区、一级保护区，实现每季度一期的优于 2m 遥感影像全覆盖监测，其中，一级保护区实现优于 10cm 无人机航飞正射影像全覆盖监测，识别提取水源保护区易扰区（敏感区），进行重点的监测保护。巡查 App 实现水源保护区范围人工定期巡查，发现涉及违反相关管理条例及其他法律法规的行为，实时上报违法问题并进行相应处理。基于工程输水干渠沿程调蓄水库取水口水质自动监测及视频监控设施建设，实现水源保护区重点区域水质定点实时自动监测。通过空中大范围、定期遥感监测，结合人工巡查及自动监测设施，实现水源保护区空地一体化协同监管。例如，黔中水源保护区常态化监管平台建设包含基础信息、业务管理、巡查台账、水质监测、水量监测等模块。

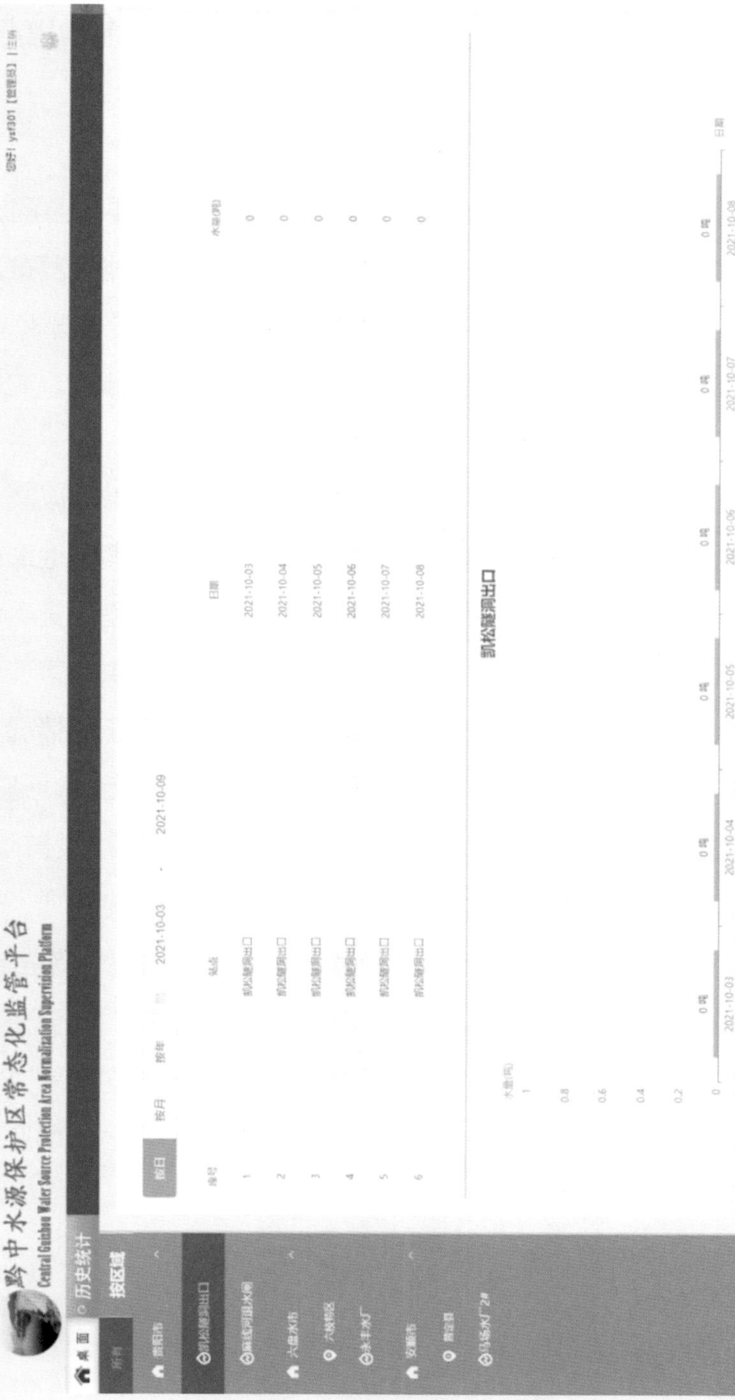
黔中水源保护区常态化监管平台
Central Guizhou Water Source Protection Area Normalization Supervision Platform
历史统计
按区域
按日
按月
按年
2021-10-03
2021-10-09
凯松隧洞出口
2021-10-03
2021-10-04
2021-10-05
2021-10-06
2021-10-07
2021-10-08

52. 低代码开发在山洪灾害预警方面的应用

（1）山洪预报。低代码平台通过雨水情及气象多要素监测，构建流域预报模型，实现洪水预报与分析，并进行预报会商与成果发布。

（2）山洪预警。低代码平台通过建立集气象预警、监测预警（即雨量、水位预警）和预报预警相结合的多阶段多方法预警体系，实现气象预警、监测预警、预报预警等功能，并发布预警信息。

（3）山洪预演。低代码平台通过利用高精度 DEM 数据以及专业水文数据，结合流域内的河道断面数据、防洪对象建筑物数据、地形勘测数据等数据，建立一维或者二维的耦合水动力学模型，对典型历史事件或未来预报场景下的与山洪灾害有关的降雨、径流、天气，山洪灾害造成的洪水淹没、洪水演进、河道水库溃坝、堰塞湖等过程，以及不同情况下的撤离路线等进行模拟仿真，系统支撑各场景的参数预设和交互式调整，以便于进行山洪灾害风险形势和影响的演算分析，及时发现山洪灾害防御方案、措施等问题，保障山洪灾害防御有效实施。

（4）山洪预案。低代码平台汇总集成省、市、县、乡等各级的应急预案，通过快速查阅调取资料，有力保障决策指挥。同时在全景可视化平台上实现各预案触发条件与水情监测的实时关联，实现对当前洪水水情与洪水级别的准确判断，及时、准确地触发防汛应急预案，提供客观、准确的数据支持，帮助防汛指挥部门进行应急调度决策。

53. 低代码开发在水利水电工程建设征地移民工作上的应用

（1）全生命周期的管理。低代码可用于水利水电工程建设征地移民工作全生命周期的管理，通过建立涵盖网页端、移动端和桌面端的一体化云平台，改变移民数据传统的采集、传输、存储、管理和应用方式，针对不同用户定制业务模型，实现移民工作全生命周期的管理，提高移民的参与度、完整性以及各部门各环节实施的精准度。

（2）数据共享。低代码平台通过统一水利水电工程建设征地移民工作的各类数据标准，搭建分布式统一管理的大数据云存储中心，分项目、分区域解决省、市、县、乡等各级用户的数据壁垒问题，实现全过程的数据共享。

（3）安置点建设智慧化监管。低代码可用于移民安置点管理，利用三维轻量化建模处理技术对移民安置点、城集镇建设进行进度监管。采用倾斜摄影测量技术实现三维可视化快速自动化实景建模，完成对安置点、城集镇建设三维场景的快速、高效、低成本的真实还原；通过不同时期三维场景体的自动叠加对比分析，实现安置点建设进度的三维智能化监管。

54. 低代码开发在数字孪生水利工程上的应用

（1）防洪调度"四预"。低代码可用于开发防洪调度"四预"平台，平台以水利部"四预"框架为依据，统筹规划防洪调度"四预"业务，划分为综合态势、洪水预报、防洪预警、调度预演、调度预案等五大功能模块，业务上以"预报→预警→预演→预案"为业务贯穿主线，实现防洪态势综合研判和调度指导的有机统一。

（2）水资源配置与调度"四预"。低代码可用于开发水资源配置与调度"四预"平台，平台全面支撑不同时间尺度来水动态预报、供需情势动态研判、调配计划滚动制定、调配方案实时推演等实际工作要求，支撑并赋能工程建设管理单位对水资源进行数字化管理及调度，实现合理的水资源配置，提高水资源综合利用效益，满足运管单位对水资源管理与调配的日常工作需求。平台以"知历史、观当下、测未来"的理念来规划，以中长期入库径流模型、水资源配置模型等水利专业模型为内核，实现综合态势、水资源预报、水资源预警、调度预演、调度预案等五大功能应用。

（3）工程安全监测"四预"。低代码可用于开发工程安全监测"四预"平台，平台以安全监测管理与工程安全"四预"为业务主线，基于内观自动化、外观测量机器人、GNSS、有害气体监测、管道机器人等监测感知成果，构建数据异常识别、数据分析、预测预警、工程安全状态评估等专业模型，实现工程安全态势全面感知、致险因素精准预测、安全问题及时预警、安全风险动态预演、处置预案快速生成等管理目标。系统按照工程安全监测业务流程设计为综合性态、监测感知、安全"四预"、整编分析等四大业务应用功能。

参考文献

[1] 中华人民共和国水利部.水利水电工程可行性研究报告编制规程：
    SL/T 618—2021[S].北京：中国水利水电出版社，2021.

[2] 中华人民共和国水利部.水利水电工程初步设计报告编制规程：
    SL/T 619—2021[S].北京：中国水利水电出版社，2021.

[3] 低代码发展白皮书（2022 年）[R].北京：中国信息通信研究院企业
    数字化发展共建共享平台，2022.